野本陽代

ベテルギウスの超新星爆発

加速膨張する宇宙の発

幻冬舎新書
238

まえがき

「オリオン座の一等星ベテルギウスに爆発の兆候。二〇一二年にも爆発か」。二〇一一年一月、そんな衝撃的なニュースが流れました。

地球から約六四〇光年と比較的近い距離にあるベテルギウス。そのベテルギウスが爆発したら、半月と同じくらいの明るさになるといわれています。月とちがい星は点状にしか見えませんから、実際には途方もなく明るい点が突如空に出現し、一年間は、昼間でも見えるほどギラギラと輝くことでしょう。ベテルギウスが爆発すれば、史上最大級の宇宙ショーとなることはまちがいありません。そして、その爆発の影響が地球に及ぶ可能性も指摘されています。

ベテルギウスは赤色超巨星に分類される赤く大きな星です。質量は太陽の約二〇倍、直径は太陽の約一〇〇〇倍もあります。この星を太陽の位置に置いたとしたら、地球はおろか木星まで飲み込まれてしまいかねないほどの大きさです。これほど大きく、地球から近いため、ベテルギウスは点ではなく、球状に見える数少ない星の一つです。おかげで星の表面を撮影し、その状態を調べることができます。以前から星の表面がいささか不安定であることはわかっていましたが、近年の技術の進歩によって、その表面やまわりの様子がより詳しく観測できるようになりました。

一九九五年にハッブル宇宙望遠鏡で初めてベテルギウスの姿が撮像されてから一六年たちました。赤外線による観測ではその大きさが一五年前と比べて一五パーセントも小さくなったといいます。また、大量のガスが放出されている様子や、表面が波立ったようにでこぼこになっている様子も観測されています。これらはベテルギウスが近い将来、爆発を起こす兆候ではないか、と考えている天文学者もいます。それが二〇一二年かどうか、今のところ定かではありませんが、ベテルギウスがいつ爆発するかわからない状況にあるのも確かなようです。

私たちは長いあいだ、星はつねに変わらないものだと考えてきました。いつ見上げても、星たちは変わることなく同じ位置にあって、夜空を回転していると信じていたのです。しかし実際には、それまで何もなかった場所に急に明るい星が現われ、しばらく輝いたのち、また姿を消すという現象がときどき観測されていました。それらの星は新しく出現した星という意味で「新星」と名づけられました（中国や日本ではしばらく滞在したのちにいなくなることから「客星」と呼ばれました）。

現在では特別に明るい「新星」は、晩年を迎えた星が自らを吹き飛ばす爆発現象であることがわかっています。そして、これらの星はほかのものと区別して「超新星」と呼ばれます。ベテルギウスはまさに晩年を迎えた星、いつ爆発を起こしても不思議のない星です。私たちの銀河のなかでは四〇〇年以上も観測されていない超新星が、これほど近くに出現したら、これまで謎だったことの多くが解明され、新たな知識が大量に得られることでしょう。

超新星の出現はこれまで何度も、古い概念を打ち破るきっかけを天文学者に提供してきました。天動説から地動説へ。小さな宇宙から大きな宇宙へ。私たちの知っている物質からなる宇宙から、未知の物質とエネルギーに満ちた宇宙へ。穏やかに膨張する宇宙から暴走する宇宙へ。膨大な情報をもたらすと考えられるベテルギウスの爆発からどんな新しい宇宙観がもたらされるのか、期待が高まります。

二〇一一年一〇月四日、ノーベル物理学賞受賞者が発表されました。宇宙の膨張が加速していることを発見した業績に対して、アメリカ、ローレンス・バークレー研究所のサウル・パールムッター博士（五二歳）、オーストラリア国立大学のブライアン・シュミット博士（四四歳）、アメリカ、ジョンズ・ホプキンス大学のアダム・リース博士（四一歳）の三人に贈られるということです。

三人を彼らが宇宙膨張の研究を始める以前から知っている私にとって、彼らの受賞は非常にうれしいことです（知り合ったばかりのころ彼らはまだ二〇代、駆け出しのポスドクと学生で、若造、やんちゃ坊主というイメージしかなく、将来ノーベル賞をとることになるとは、とても思えませんでしたが）。パールムッターが一九八八年に、シュミットたちが九四年にこの研究を始めてからは、会う機会があるたびに「今、どうなっている？」と研究の進捗状況を聞くのが習いでした（シュミットには八月に会って将来の計画について聞いたばかりでした）。二つのチームが熾烈な争いをしていること、それぞれが相手のチームに対して抱いている感情や、グループ内でのいざこざなど、ずっと目にしてきました。どちらのチームとも等距離でいたので、彼らも内輪話もふくめていろいろなことを話してくれましたし、私も公平な目で彼らの競争を見てきたと思っています。

ノーベル賞の発表があったときには、実はこの本の原稿を書き終わっていました。この本は、もともと超新星について書こうとしたもので、最後の第六章はまさに彼らの研究成果を中心に書かれたものです。しかし、ノーベル賞を受賞したということで、内容を少しふくらませることにしました。彼らのあいだの競争がどのようなものであったのか、人間的な側面をつけ加えることにしたのです。科学者のあいだでどんな競争があったか、生々しい話はなかなか聞く機会もないと思うので、その一端をお話しすることにしました。「宇宙で一番強い力」がなんであるか、おわかりいただけると思います。

この本は六章で構成されています。第一章はベテルギウスをめぐる最近の騒動について書きました。ベテルギウスが爆発するのかしないのか、うわさや最新の研究結果について述べています。第二章と第三章は、超新星とは何かを理解していただくために、星の一生について述べたものです

第六章は先にも述べたように、「宇宙の膨張が加速している」という宇宙論の最前線の話です。そこにいたるまでの宇宙論の歴史について述べたのが第四章と第五章です。もちろん順番に読んでいただいてよいのですが、ノーベル賞を受賞した研究がどのようなものであったか、先に知りたい方は第六章から読まれるとよいでしょう。

この本を執筆中、資料や情報を提供するなど、いろいろな面で協力してくれた夫野本憲一に感謝します。

二〇一一年一一月

野本陽代

ベテルギウスの超新星爆発／目次

第六章 加速膨張する宇宙の発見 183

イラスト　永美ハルオ
図版作成　美創

第一章　ベテルギウスに爆発の兆候?!

多くの明るい星が競うように輝いている冬の夜空は実に華やかです。

とくに目立つのがオリオン座。ベルトを形成する三つの星、両肩、両膝にあたる四つの星は、どれも二等級以上の明るさで、都会でも容易に見つけることのできる大きな星座です。なかでも印象的なのが、左膝にあたる〇・一等星の青白いリゲルと、右肩にあたる〇・四等星の赤いベテルギウスでしょう。ともに全天でもっとも明るい星ベストテンにはいる明るさです。ベテルギウスはまた、全天で一番明るいおおいぬ座のシリウスと、天の川をはさんでシリウスと対峙するこいぬ座のプロキオンとともにほぼ正三角形をつくっており、この三角形は「冬の大三角」と呼ばれています。

赤い色が印象的なベテルギウス。最近、このベテルギウスの異変が伝えられています。いったいなにがあったのでしょうか、そしてなにが起ころうとしているのでしょうか。

晩年を迎えたベテルギウス

ベテルギウスは以前より非常に興味深い星として、多くの天文学者が研究対象としてきました。約六四〇光年と比較的近くにあるベテルギウスは、太陽の約一〇〇〇倍もの直径をもち、太陽以外では点ではなく球として見ることのできる数少ない星の一つです。ベテルギウスはま

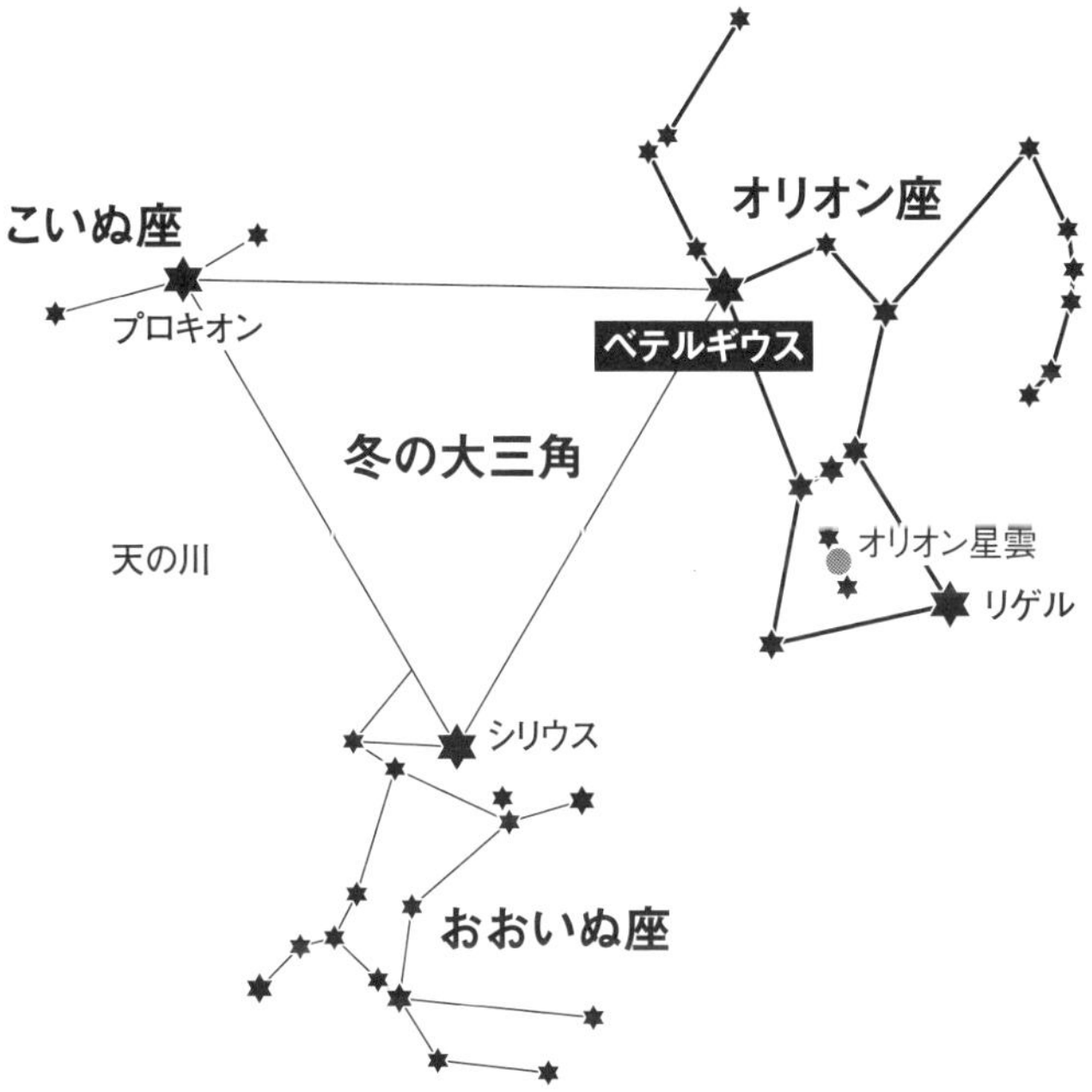

図1　オリオン座と冬の大三角

た、六年ほどの周期で〇・〇等星から一・三等星まで、明るさを変化させている変光星でもあります。

一八三六年、ベテルギウスが変光していることに最初に気づいたのは、南アフリカにいたジョン・ハーシェルでした。毎年、明るい星を順番に記録していて、ベテルギウスの順位が変化していることに気づいたのです。なぜベテルギウスの明るさは変化するのだろうか、と考えたのがアルバート・マイケルソンでした。一九二〇年、その理由を大きさが変化しているからだと思った彼は、干渉計を使ってベテルギウスの大きさを測り、直径が太陽の三〇〇倍であると結論づけました。現在では、ベテルギウスの直径は最大で一四億キロメートル、太陽の約一〇〇〇倍あり、太陽の位置においたら木星軌道の近くまでもある大きさだと考えられています。

ほとんどの星は点状にしか見えないため、表面の像を撮影することができません。ベテルギウスは数少ない例外で、一九九五年、ハッブル宇宙望遠鏡の微光天体カメラを使ってその表面が紫外線で初めて撮影されました。その少し前から、望遠鏡数台を干渉計として使った赤外線による観測で、ベテルギウスの大きさの測定がおこなわれています。

星はその中心で水素原子核四個を核融合させてヘリウム原子核一個に変えることでエネルギーを得、輝いています(53ページ)。しかし、燃料となる中心部の水素が使い尽くされてしまうと、外層が膨らみはじめ、やがて赤く大きな星(赤色巨星)へと変身します(とくに大きなものは赤色超巨星と呼ばれます）。ベテルギウスの場合、星の一生の九割をしめる水素の燃える時代は一〇〇〇万年ほどで、すでにその時期を過ぎ、だいぶ以前に赤色超巨星の時代に入りました。晩年を迎えた星がどんなふるまいをするのかを知るのに、ベテルギウスはかっこうの研究対象なのです。

太陽の八倍以上の質量をもって生まれた星の多くは、一生の最後に超新星爆発を起こすことが知られています（92ページ）。ベテルギウスは太陽の約二〇倍の質量をもっていたと思われますので、超新星爆発を起こすことはまちがいありません。それがいつか、多くの天文学者、そして天文ファンが興味をもってきました。

ベテルギウスに爆発の兆候?!

「ベテルギウスが二〇一二年に超新星爆発を起こすかもしれない」といううわさが天文ファンのあいだでささやかれていきます。二〇一二年という言葉がどこからでてきたのかについては後述しますが、ベテルギウスの観測がすすみ、その大きさの変化や表面の様子が明らかになってきたことで、それらが爆発の兆候ではないかと考えられたのがそもそもの発端のようです。

「ベテルギウスに爆発の兆候　大きさ急減　表面でこぼこ」とのタイトルで、二〇　〇年一月一〇日に朝日新聞に載った記事が、日本で大きな関心を呼ぶきっかけになったのではないかと思われます。

「オリオン座の一等星ベテルギウスで、超新星爆発へ向かうと見られる兆候が観測されている。米航空宇宙局（NASA）が六日に公開した画像には、星の表面の盛り上がりとみられる二つの大きな白い模様が写っていた。この一五年で大きさが一五パーセント減ったという報告もあり、専門家は『爆発は数万年後かもしれないが明日でもおかしくない』と話す。……

……地球からベテルギウスを見ると、東京から大阪に置いてあるソフトボールくらいの大きさにしか見えず、これまでは大きな望遠鏡でも点程度にしか見えなかった。だが近年は、複数の望遠鏡を組み合わせて解像度を上げることにより、その表面や周囲のガスの流れまで撮影できるようになった。

昨年、米欧の研究者がほぼ同時に三本の論文を発表し、ベテルギウスが大量のガスを放出していることや大きさの急減が示された。ガスの放出によって星の表面が梅干しのようにでこぼこに膨らんでいるらしい。……」

この記事の出る半年前、二〇〇九年六月一一日のナショナルジオグラフィックニュースに載った「オリオン座のベテルギウス、謎の縮小」という記事も人目をひきました。この記事は、六月九日にアメリカ天文学会で発表された報告をもとに書かれたものです。

「……カリフォルニア大学バークレー校の研究チームは一九九三年、カリフォルニア州南部のウィルソン山天文台にある赤外空間干渉計でベテルギウスの大きさを測定し、ベテルギウスを太陽系の中心に置くと木星の軌道と同じぐらいの大きさになると推定した。

しかし、その後に同じ装置を使って測定したところ、現在のベテルギウスは金星の軌道と同程度の大きさしかなく、一五年前と比べると一五％小さくなっていることがわかった。急速な収縮の原因は解明されていないが、同チームは三年前にベテルギウスの表面に通常とは異なる大きな赤い点があるのを観測している。……」

この記事には明らかなまちがいがあります。ベテルギウスが一五パーセント収縮しても、金星の軌道と同程度の大きさにはならないことです。この大きさになるにはもとの大きさの一五パーセントにまで収縮しなければなりません。たぶん、わかりやすくしようとして、計算をまちがってしまったのでしょう。実際に金星の軌道の大きさになったとしたら、これは大変なことです。金星という言葉を聞いて、とんでもないことが起きている、と考えた人も多かったようです。

スターウォーズみたいなシナリオ

二〇一二年という言葉がでてきたのはどうやら二〇一一年一月のことで、オーストラリアの物理学者が次のように述べたのがきっかけだと思われます。「もし超新星爆発が起きたら、少なくとも二週間は二つの太陽が見られることとなり、そしてその間、夜はなくなるだろう」「このスターウォーズみたいなシナリオは、場合によってはもっと先のこととなるかもしれないが、二〇一二年までに見られる可能性がある」(映画スターウォーズのなかに架空のタトゥイーンという惑星がでてきますが、その惑星は二つの太陽の周囲を公転しているという設定になっています。スターウォーズのファンが多いせいか、この発言が多くの人の興味を引いたようです。ちなみに、二〇一一年九月、実際に二つの星のまわりを回る冷たいガスの惑星が発見された、という発表がNASAからありました)。

地球で二つの太陽が見られる、というのはまったくのでたらめです。この学者はそれ以前に、ベテルギウスの中央でエネルギーが尽きつつあり、エネルギーが尽きると星の内部で重力の崩壊が起きるといっています。そして、太陽の何千倍も明るい爆発が起きるので、地球では数週間のあいだ「夜が昼になるだろう」と述べたようです。

確かに超新星爆発を起こした星は、太陽の何千倍どころか何億倍、何十億倍もの明るさで輝きます。近距離から見れば、太陽と同じかそれ以上の明るさとなるでしょう。しかし、ベテルギウスは地球から約六四〇光年離れたところにあります。これだけ離れていれば、一番明るくなったときでも、満月より明るくなることはありません。昼でもこの星を見ることができるのは確かですが、夜が昼のように明るくなるということはあり得ないのです。

オーストラリアのニュースに載ったときから言葉が引用になっているので、この学者が正確にどう述べたかはわかりませんが、伝えられたものを読むかぎり、この学者が星や超新星の専門家であるとはとうてい思えません。二〇一二年に爆発するという根拠はまったくないといっていいでしょう（本人も断言はしていません）。

では絶対に二〇一二年に爆発することはないのかというと、そうもいいきれないのが現状です。ベテルギウスがいつ爆発してもおかしくない状態にある可能性は、多くの専門家が認めています。それは明日かもしれないし、一〇万年後かもしれない。星のなかをのぞいて確かめることはできないので、だれにも正確な予測をすることができないのです。

ベテルギウスになにかが起こっている

朝日新聞の記事のなかで書かれている、二〇〇九年に発表された三本の論文とは、パリ天文台、ドイツのマックスプランク電波天文学研究所、アメリカのカリフォルニア大学バークレー校の各グループが提出したものです。

パリ天文台のグループは、南米チリにあるヨーロッパ南天天文台（ESO）の八・二メートル大型望遠鏡（VLT）に、地球の大気の揺れを補正する補償光学装置をつけ、超高角分解能でベテルギウスの写真を一晩で一〇〇万枚以上撮影しました。連写したなかからシャープな画

口径8.2メートルの望遠鏡が4台ある。大仲博士たちが使ったのは
手前にある3台の口径1.8メートル望遠鏡

図2　ヨーロッパ南天天文台がチリに建設した大型望遠鏡VLT

像だけを選びとる「ラッキー・イメージング」と呼ばれる撮影法です。そして、ベテルギウスの表面から宇宙空間へと広く流出するガスとチリをとらえました。このガスとチリは、全方向にではなく、特定の三つの方向に放出されており、その先端はベテルギウス本体から四〇億キロメートル先まで到達していました（ほぼ太陽と海王星の距離）。さらにその外側には、星から離れていったと思われるガスやチリも見つかっています。

パリ天文台のグループはまた、赤外干渉計を使いベテルギウスの表面を詳細に観測しました。そして、二つの大きな、明るい白い模様があるのを見つけました。これが二〇一〇年一月六日に、ＮＡＳＡが毎日発表している「今日の天体写真」に掲載された写真で、星

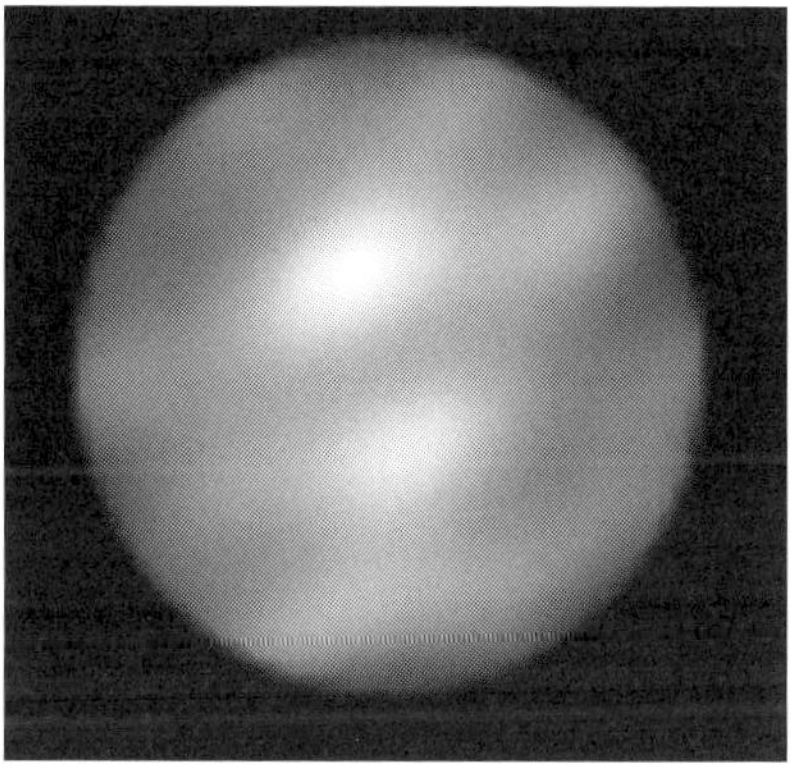

Observatoire de Paris

大きな明るい白い模様が二つ見られる

図3　ベテルギウスの表面

のなかでなんらかの活動が進行中であることをうかがわせます。

それをもっし端的に示したのが大仲圭一博士たち、マックスプランク電波天文学研究所グループの観測結果です。彼らは、VLTと同じ場所にある三台の一・八メートル望遠鏡を赤外干渉計として使い、表面の部分ごとのガスの動きがわかるほどの高分解能で観測をおこないました。ふつうなら星の表面は丸いので、描かれるグラフは対称になります。ところが、得られたデータはそうはなっていませんでした。グラフの左の部分が大きく盛り上がる一方、右の部分がへこんでいたのです。それがなにを意味するのか、考えに考えたすえ出された結論は、ベテルギウスの一部がこぶのように盛り上がったり、へこんだりして

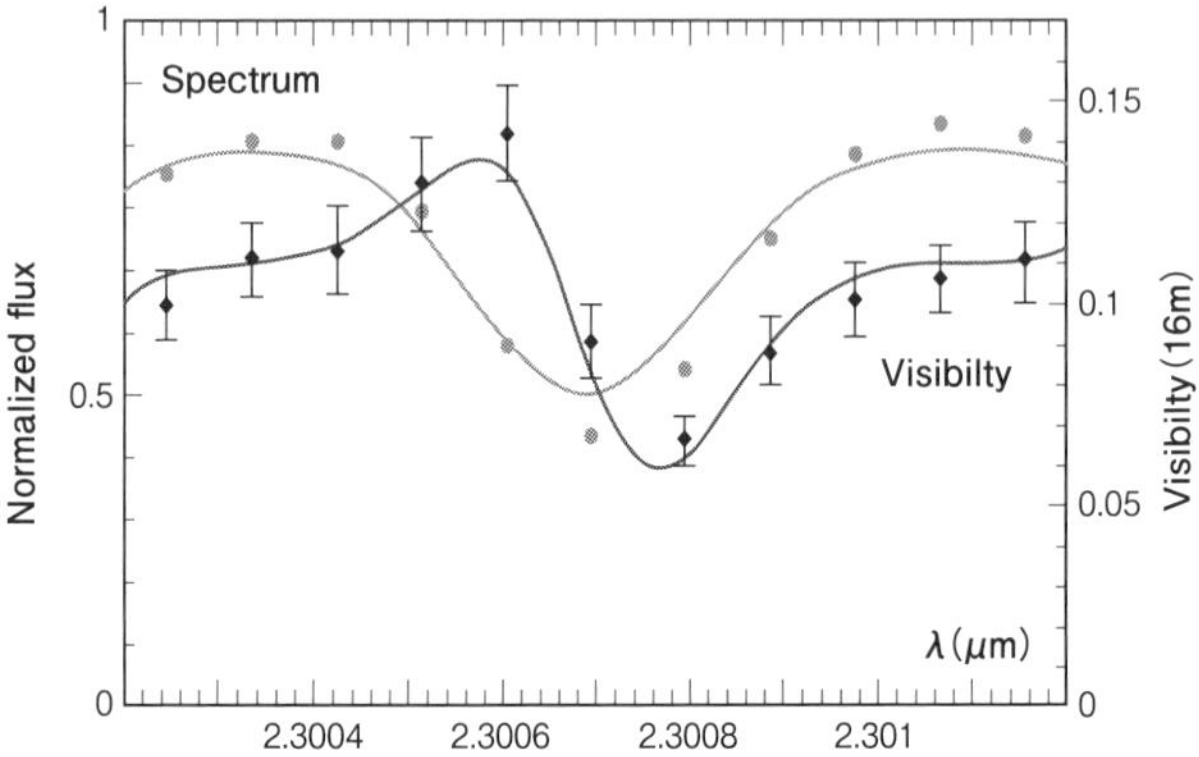

図4　ベテルギウスの表面の観測結果

いる、というものでした。秒速一〇キロメートルから一五キロメートルという途方もない速さで、星を構成するガスがランダムに動いていたのです。

九〇代の現役科学者

東京でオリンピックが開かれた一九六四年に、「メーザー、レーザーの発見及び量子エレクトロニクスの基礎研究」により、チャールズ・H・タウンズがノーベル物理学賞を受賞しました。一九一五年生まれの彼はノーベル賞以外にも数多くの賞を受賞しています(宗教関係のテンプルトン賞をふくむ)。彼は一九六七年にカリフォルニア大学バークレー校に移り、現在も研究をつづけています。

タウンズは天体物理学や天文学にも興味を

もち、いまから二〇年ほど前に赤外空間干渉計の開発を指揮し、中間赤外域を観測する世界初の天文用干渉計をウィルソン山天文台に建設しました。それ以来、観測をつづけていますが、そのターゲットの一つがベテルギウスです。一九九三年にベテルギウスの大きさを測定したのは彼のグループでした（ナショナルジオグラフィックニュース、22ページ）。

それからもベテルギウスの大きさを測りつづけ、二〇〇九年六月のアメリカ天文学会でベテルギウスの大きさが一五年前と比べて一五パーセント収縮したことなどを発表しました。彼は記者の質問に答えて、ベテルギウスの明るさは一五年前とそれほど変わらないものの、「この星でなにかしらいつもとちがうことが起きている。次になにが起きるのか、というのが目下の疑問だ」と述べています。このまま収縮をつづけるのか、それとも膨張と収縮をくりかえすだけなのか、いまの段階ではなんともいえないと。

この発表時九三歳だった彼は、いまも陣頭指揮をつづけているそうです。

ベテルギウスの大きさに変化なし

これらの発表から二年たった二〇一一年九月初め、ベテルギウスがその後どうなっているか、ボンにいる大仲博士を訪ね、聞いてみました。

「過去のデータと私たちの観測からは、過去一八年間にベテルギウスの大きさに変化はほとん

図5　大仲圭一博士

ど見られません」

大きさに変化がないとはいったいどういうことでしょうか。タウンズたちの観測結果がまちがいだということなのでしょうか。

「タウンズたちの観測にまちがいがあるというわけでもありません」

ベテルギウスは収縮したのかしなかったのか、いったいどちらなのでしょうか。

「私たちは近赤外で観測していますが、タウンズたちは中間赤外で観測しています。見ている波長がちがうのです」

近赤外では星本体の大きさを見ているのに対して、中間赤外では、星から直径の二、三倍離れたところにある分子などの層を見ているのだそうです。たとえていえば、ふかふかした毛皮を着た人を見ているのが中間赤外で、人そのものを見ているのが近赤外なのだとか。毛が抜けるなど毛皮になにかあったのかもしれないが、着ている人に変化はないということのようです。

「ベテルギウスのまわりのガスの温度や密度に、なんらかの理由で長期的な変動があったとしたら、中間赤外に影響のでることもあるかもしれない」そうです。さらに、「今年の三月に、ある会議でタウンズや彼のグループのメンバーに会ったのですが、そのとき個人的に聞いたところでは、最近の観測では点が上がったようです」。つまり、ベテルギウスの収縮は底をうって、膨張を始めた、大きくなりつつあるということらしい。

一五パーセントの収縮に振り回されたのはいったいなんだったのでしょうか。「タウンズは一五パーセント収縮したといっただけで、超新星になるとはいっていないと思います。メディアのほうが先走っただけじゃないですか」。しかし、「爆発がいつ起こるかはわかりませんが、私たちが星の死の直前を見ていることはまちがいありません。それが明日ではない、二〇一二年ではない、といいきることができないのも確かです」。

ベテルギウスが超新星爆発をいつ起こすかはわかりませんが、大仲博士の観測でもベテルギウスが大きく活動している様子がとらえられています。

ダイナミックな動き

「ふつうの星だと、ガスが動いていてもそれほど大きな動きではないので止まって見えます。ベテルギウスの場合は、たとえば上のほうのガスがぼこぼこと上昇し、別の領域、下のほうでは沈み込んでいる、といった様子が見えます。ガスがダイナミックに動いているんです」

どうやったら、遠い星の表面のガスの動きがこれほどわかるのでしょうか。

「そもそもは、ベテルギウスの大きさとか密度とかガスの濃さが、ＶＬＴ干渉計の高い分解能で測れるのではないかと考えて、観測を始めました。観測したのは一酸化炭素の吸収線で、そのスペクトルをとります。ふつうの望遠鏡では単にスペクトル線が見えるだけですが、干渉計を使うと、吸収線の波長の短いほう（青方偏移）と長いほう（赤方偏移）で、どういうふうに星が見えるかが区別できます。私たちのほうに盛り上がっているガスと、逆に沈み込んで遠ざかっているガスを区別することができるのです。といっても、これほど見えるとは予想していませんでした」

パリ天文台のチームが三方向に流れ出しているガスを見つけましたが、盛り上がったガスの固まりが流れだしたものでしょうか。

「前の観測から一年後にまた観測したのですが、出っ張っているところとへこんでいるところの場所が変わっていました。ガスの動きは流動的なものです。盛り上がったガスが実際にちぎれて飛んでいくところが観測されていないのではっきりとはいえませんが、その一部が勢いあまって飛び出したという可能性はあると思います。彼らの観測では、星のまわり、直径の二、三倍のところの様子がわかるのですが、そこにガスの固まりがあるということは、ちぎれたものなのかもしれません。ただ、動きがとらえられていませんので、時期を変えて観測しなおさないと、本当にちぎれたものかどうかはわかりません」

さらに精密な観測をすれば、もっと詳しいことがわかるのでしょうか。

「はい、わかると思います。これからもっと精密にベテルギウスの観測をする予定です。同時に、ベテルギウスと同様、赤色超巨星であるさそり座のアンタレスの観測も計画しています」

これまでもアンタレスの観測をしているのでしょうか。

「しています。アンタレスでもベテルギウスと同じようなことが起きています。ということは、赤色超巨星になればどの星でも似たようなことが起きている、星の大気がダイナミックに動いているといっていいでしょう。赤色巨星の場合はそれほどの動きはありません」（超新星爆発を起こす星は赤色超巨星になります）

ダイナミックな動きの原因はなんなのでしょうか。ガスの対流でしょうか。

「観測も計算もされていないのでなんともいえませんが、対流でそこまでいくとは、私自身は考えていません。星が膨らんだり縮んだりする脈動も考えられますが、ベテルギウスはそれほど大きく脈動しているほうではありません。私は磁場かなとも思うのですが、最近発見されたベテルギウスの磁場は非常に弱かったので、無理かも」

ベテルギウスは一年にどれくらいの物質を放出しているのでしょうか。

「ベテルギウスの場合は一年間に地球一、二個分くらいです。太陽が放出している量よりははるかに多いですが、この一〇倍、一〇〇倍も放出しているおおいぬ座VY星のような赤色超巨星もありますから、けっして多いほうではないです。もし、おおいぬ座ＶＹ星がベテルギウスより先に爆発すれば、星が大量の質量を放出するようになると爆発する兆候だといえるのでしょうが、いまの段階ではなんとも」

今後のベテルギウスの観測予定は決まっているのですか。

「はい。年末年始にまた観測をする予定です。可能かどうかはやってみないとわかりませんが、今までの二倍の分解能でやってみようと思っています。つづけて観測すれば、ガスがちぎれていくところが見られるかもしれませんし、それが観測されれば、ダイナミックな運動のメカニズムについてヒントが得られるかもしれません。いろいろ面白いことがわかり始めたところなので、つづけていきたいと思っています」

ランナウェイ・スター

ボンのマックスプランク電波天文学研究所のとなりにはボン大学の建物が建っています。そこでベテルギウスのような歳をとった星の理論的な研究をしているのが、ノーバート・ランガー教授率いるグループです。グループのメンバーにも話を聞いてみました。

ベテルギウスは赤色超巨星で、晩年を迎えた星ですが、晩年を迎えたばかりなのか、それともすでに最晩年に突入しているのか、どちらだと思いますか。

「赤色超巨星はまわりを多くのガスで囲まれているので、そのなかでなにが起こっているか、判断することはむずかしいのが現状です。しかし私たちは、ベテルギウスは赤色超巨星になってまだ間もないのではないかと考えています」

その根拠はなんでしょうか。

「いまから一五年ほど前に、アイラス赤外線衛星のデータの分析によって、ベテルギウスのまわりにバウ・ショック（弧状衝撃波）が存在することが示唆されました。このデータはあまり詳しいものではなかったのですが、日本の衛星「あかり」で近年さらに詳しい観測がなされ、いろいろな情報が得られました。それを理論モデルによって再現し、導き出した結果です」

「あかり」は二〇〇六年に打ち上げられた赤外線天文衛星で、数々の成果を挙げました。その一つがベテルギウスのバウ・ショックの観測です。この観測によって、ベテルギウスがガスを噴き出しながら、秒速三〇キロメートルという高速で、星間ガスのなかを突き進んでいることがわかったのです。星間ガスとベテルギウスの噴き出すガスが激しく衝突することでつくられるのがバウ・ショックです。

オリオン星雲やその周辺では次々と質量の大きな星の集団が誕生し、まわりの物質を吹き飛ばしています。その一部がベテルギウスのあたりでは比較的濃い状態で、秒速一一キロメートルの速さで大河のように流れています。その流れを横切るように、ベテルギウスから秒速一七キロメートルの速さで噴き出されているガスがぶつかっているというのです。

バウ・ショックを構成している物質の量が少ないこと、その形が球状であることの二点から、まだできてまもない、つまり赤色超巨星になってまもないとランガーたちは結論づけたといいます（古くなるほど形は球状から楕円状になっていくそうです）。

秒速三〇キロメートルというと、光速の一万分の一という途方もない速さですが、ベテルギウスは特別な星なのでしょうか。

「いいえ、これくらいの速度で移動している大質量星はめずらしくありません」

ベテルギウスはどこからやってきたのでしょうか。

「オリオン星雲あたりの大きな星団のなかから飛び出してきたと考えられます。星団のなかではたがいの重力が複雑に働いており、星が放り出されることがよくあります。また、連星系をつくっている場合、一方の星が爆発するともう一方がはじき飛ばされるということもあります。ベテルギウスの相棒だったとおぼしき天体は発見されていませんが」（はじき飛ばされた星はランナウェイ・スターと呼ばれ、現在、三個確認されているとか）

ベテルギウスがあとどれくらいの寿命なのか、わかる方法はないでしょうか。

「長期的な大きさの変化がわかれば、もう少し計算のしようがあるかもしれません。大きさは数百年から一〇〇〇年で大きく変化すると思われるので」

一九二〇年にマイケルソンが干渉計を使って太陽の直径の三〇〇倍と出していますが。

「現在は一〇〇〇倍といわれています。明るさも変わっていないし、たった九〇年のあいだに三倍以上になったとは考えられません」

では、彼の測定がまちがっていたのでしょうか。

「たぶん、当時はベテルギウスまでの距離がもっと近いと思われていたのではないですか。距離が近ければそれに比例して半径が小さいことになりますから。実をいうとベテルギウスの距離はいまでも誤差が非常に大きく、二五パーセントもあります。六四〇光年といわれていますが、実際には八〇〇光年と五〇〇光年のあいだのどこかになります。これくらいの距離の星はかえって計測がむずかしいのです」

ランガー教授らはベテルギウスと同じくらいの大きさの星の晩年を、いろいろなモデルでさぐろうとしていますが、ベテルギウスの今後を正確に予測するのはむずかしいようです。ただ、今日から一〇万年後までのいつ爆発してもおかしくないという点では意見が一致しています。

ガンマ線・X線が地球にやってくる?

ベテルギウスが爆発したら、地球になんらかの影響が及ぶのではないか、と心配する人もいます。波長が短く、高いエネルギーをもつガンマ線やX線が地球に到達して、オゾン層を破壊するのではないか、その結果、有害な紫外線が地上に降り注ぎ、生命を危険にさらすのではないか、といった心配のようです。

超新星のなかには極超新星と呼ばれるごくごく稀に出現するタイプがあります。中心でブラックホールがつくられるときに起こると考えられており、ふつうの超新星のさらに一〇倍以上のエネルギーをもっています。もし、極超新星となる星が水素の外層をすでに失っており、中心にできたブラックホールが回転し双方向にジェットを噴き出していて、なおかつそのジェットが地球の方向に向いていれば、地球に強烈なガンマ線が到達する可能性がないわけではありません。

ベテルギウスは大量の水素の外層をもっているので赤色超巨星になっています。大きく広がった水素の外層があれば、たとえジェットがつくられたとしても、外層を通り抜けるあいだにかなりのエネルギーを失うことになり、ガンマ線やX線といった危険な放射が外に放出されるおそれは大幅に低くなります。ベテルギウスの質量は太陽の約二〇倍と考えられているので、ブラックホールがつくられる可能性はないとはいえないもののあまり高くありません。たとえブラックホールができジェットを噴き出したとしても、ベテルギウスの自転軸は地球の方向から二〇度ずれていますので、ガンマ線のビームが地球にやってくることはないでしょう。

六四〇光年、約六〇〇〇兆キロメートル離れたところにあるベテルギウスが超新星爆発を起

©東京大学宇宙線研究所 神岡宇宙素粒子研究施設

純水を入れる前のタンク内部の様子

図6　スーパーカミオカンデの内部

こしたとしても、地球に影響が及ぶことは心配しなくてもよいと思われます。

爆発するとベテルギウスはどう見える?

ベテルギウスが超新星爆発をいつ起こすのか、いまのところはっきりとはわかりませんが、爆発を起こしたら、地球にいる私たちはどんな光景を日にすることになるのでしょうか。東京大学数物連携宇宙研究機構の野本憲一教授のグループは、星の進化の理論に基づいてベテルギウスの変化をつぎのように予測しています。

最初に地球にやってくるのはニュートリノです（85ページ）。星が重力崩壊を起こした直後に光の速さでやってきます。それを待ち受けているのが岐阜県飛騨市の山中にあるスーパーカミオカンデ。五万トンの純水をたたえたタンクには一万一一二九個のセンサーがつけられており、やってきたニュートリノが水の分子と衝突して放つかすかな光をとらえます。ニュートリノの到来は超新星爆発の先ぶれで、私たちはその後のベテルギウスの変化を観測するべく、態勢をととのえることができます。

といっても猶予は一、二日。ベテルギウスが実際にどれくらいの大きさかによってかかる時間が異なりますが、現在の予想ではピカッと輝きだすのはニュートリノ到着から一・五日後のこと。まず、赤かったベテルギウスが青くなり、全天でもっとも明るい青い星となります（表面の温度が上がるので色が変わります）。一時間後にはリゲル、二時間後にはシリウス、三時間後には半月くらいの明るさになります。といっても、ベテルギウスは点に近いので、ギラギラ度は満月の一〇〇倍にもなるでしょう。もし爆発が日中に起きたとしたら、空の一点が急に輝きだしたように見えることになります。

爆発の勢いで星が膨張し表面温度が下がることから、色は青から白へと変わっていきます。明るさがピークに達するのは七日目、その後、ほぼ同じ明るさが三カ月ほどつづきますが、色は白からオレンジ色へと少しずつ変化していきます。この期間には日中でもベテルギウスを見ることができるでしょう。

出現から四カ月目に入ると、ベテルギウスの明るさは二等級ほど急速に下がり、太めの三日

BETELGEUSE

月ほどになります。そのあとはじわじわと暗くなって、一五カ月後にはマイナス四等級の金星と同じくらいの明るさになります。こうなると、日中に見ることはできず、せいぜい朝夕の薄明かりのなかで見えるくらいでしょう。二年半後には二等級、北極星と同じくらいになり、四年後には六等級、暗いところでかろうじて肉眼で見える明るさになり、その後は双眼鏡や望遠鏡が必要になります。

しかし、実際にはベテルギウスはもっと明るく見えるかもしれません。というのは、ベテルギウスのまわりには、かつて放出されたガスやチリがあるので、それらがベテルギウスの光を反射して、さまざまな色で輝くと思われるからです（光のエコー、210ページ）。

もしベテルギウスが超新星爆発を起こしたら、私たちはいまだかつてない宇宙の大イベントを目にすることになるでしょう。明るさの変化、色の変化などを楽しむこともできます。しかし、祭りは永久につづくわけではありません。爆発から二年たつと、ベテルギウスは今より暗くなってしまい、あとは暗くなる一方で、やがて姿を消してしまいます。冬の大三角は見られなくなり、右肩を失ったオリオンもまた、オリオンらしさを失うことでしょう。ベテルギウスの爆発を見たいような見たくないような、ちょっと複雑な思いがします。

第二章 星の誕生と進化

地球中心から太陽中心へ

「あの明るい星はなんだ！」。一五七二年一一月、デンマークの天文学者ティコ・ブラーエはカシオペア座のなかに見慣れない明るい星を見つけ、驚きました。望遠鏡発明以前の最高の天文学者として知られるティコは夜空の星を熟知していましたから、新しい星の出現は、我が目を疑い、近くにいた人に存在を確認したくなるほど信じられないことだったのです。彼は一八カ月後の一五七四年三月に見えなくなるまで、徐々に暗くなっていくこの星の観測を続けました。この星は彼に敬意を表して「ティコの星」と名づけられました。

それから約三〇年後の一六〇四年一〇月、へびつかい座のなかで八〇〇年に一度しか起こらない宇宙ショーがくり広げられようとしていました。太陽のまわりを一周するのに要する時間が異なるため、木星と土星が同じ空の領域にやってくることは滅多にありません。その上、火星までが近くにあって、三つの惑星が同時に見えるという、実に稀な現象がこのとき起きようとしていたのです。その様子を観測していた天文学者の一人が、ティコの弟子でもあったヨハネス・ケプラーです。一〇月九日、三つの惑星が集合している領域のすぐ近くに、明るい星が出現しました。三つの惑星だけでも感動ものなのに、さらに明るい星が加わったのですから、さぞかし見ものだったことでしょう。当初は夜空のどの星よりも、木星よりも明るかったとい

図7 カシオペヤ座のなかに突然現われた「ティコの星」

うこの星はしだいに暗くなっていき、やがて姿を消しました。この星は「ケプラーの星」と呼ばれています。

当時ヨーロッパを支配していたのはキリスト教の教えで、宇宙の中心は地球であると信じられていました。「地球のまわりを太陽と五つの惑星が回転し、その外側に星々をちりばめた天球がある。天球は神様の領域で、地球とは異なる物質で満たされており、そこでは何も新しいことは起こらない」と考えられていたのです。一五四三年、コペルニクスが『天体の回転について』のなかで太陽中心説（地動説）を発表しましたが、これは仮説の一つだと考えられ、ごく一部の学者以外、信じる人もいませんでした。

不変であるはずの天に出現した明るい星は、天のなかでも新しいことが起こりうることを、人々に印象づけることになりました。一六〇九年にガリレオ・ガリレイが望遠鏡を初めて空に向け、月の表面が地球同様でこぼこであること、天の川が星の集団であること、木星のまわりを四つの衛星が回っていることなどを発見しました。あれやこれやが積み重なることで、人々の宇宙観は少しずつですが変化していきました。地球中心の宇宙から太陽中心の宇宙へとシフトしていったのです。

現在、「ティコの星」「ケプラーの星」はどちらも、晩年を迎えた星が起こした超新星爆発であることがわかっています。ケプラーの星が出現してから四〇〇年あまり、私たちは銀河系のなかで超新星を目にしていません。もしベテルギウスが爆発したら、私たちはティコやケプラーが見たものよりはるかに明るい星を何カ月ものあいだ目にすることになるでしょう。そして、初めて望遠鏡や近代的な観測装置を使って、超新星爆発の科学的な観測ができることになります。それによって得られる知識は膨大なもので、多くの疑問が解明されると考えられています。科学者の期待が高まるのも当然でしょう。

太って赤くなるのは老化現象

ベテルギウスは直径が太陽の約一〇〇〇倍もある巨大な赤い星ですが、最初から赤かったわけでも、これほど大きかったわけでもありません。今から一〇〇万年前には、直径が太陽の二〇倍ほどのスリムな青い星でした。それがどうして現在のような姿になったのでしょうか。それはベテルギウスが歳をとったからです。

星はいつも変わることなく輝いている、そんなイメージがありますが、それは私たち人間の尺度でのことです。私たちには永遠とも思える何百万年、何千万年、何億年の単位で考えると、星もまた歳とともに変化していきます。

ベテルギウスに限らず星はどれも歳をとると例外なく太り出し、赤くなる運命にあります。私たちの太陽も今から五〇億年後にふくれ出し、最終的に地球軌道のあたりまでふくらむと考えられています。そのとき地球は、迫りくる太陽の熱によって溶けてしまい、終焉を迎えるといわれていますが、まだまだはるか先のことなので今から心配することはないでしょう。ベテルギウスがどのようにして太り赤くなったのか、それを知るには星の生い立ちをふりかえる必要があります。

宇宙に漂う雲

ベテルギウスが属するオリオン座は、ギリシア神話に出てくる猟師オリオンを模した特徴のある雄大な形をしています。一直線に並んだ三つの二等星（ミツボシ）がつくるベルトを中心に、両肩と両膝の位置に明るい星があります。右肩にあたるのが赤く輝く〇・四等星のベテルギウス。左肩は一・六等星のベラトリックス。左膝は〇・一等星の青白い星リゲル。右膝は二・一等星のサイファ。全天にある八八個の星座の中でも、これだけ明るい星が集まっているのはオリオン座をおいてほかにはありません。オリオン座は都会の明かりのなかでも見ることのできる数少ない星座の一つです。

さらに目をこらすとミツボシの下に小さな星が三つ縦に並んでいるのがわかります（オリオンの剣をつくるコミツボシ）。真ん中の星が霞んで見えるのは、そこに明るく輝く「オリオン星雲」があるためです。その翼を広げた鳥のような姿を小さな望遠鏡でも見ることができます。

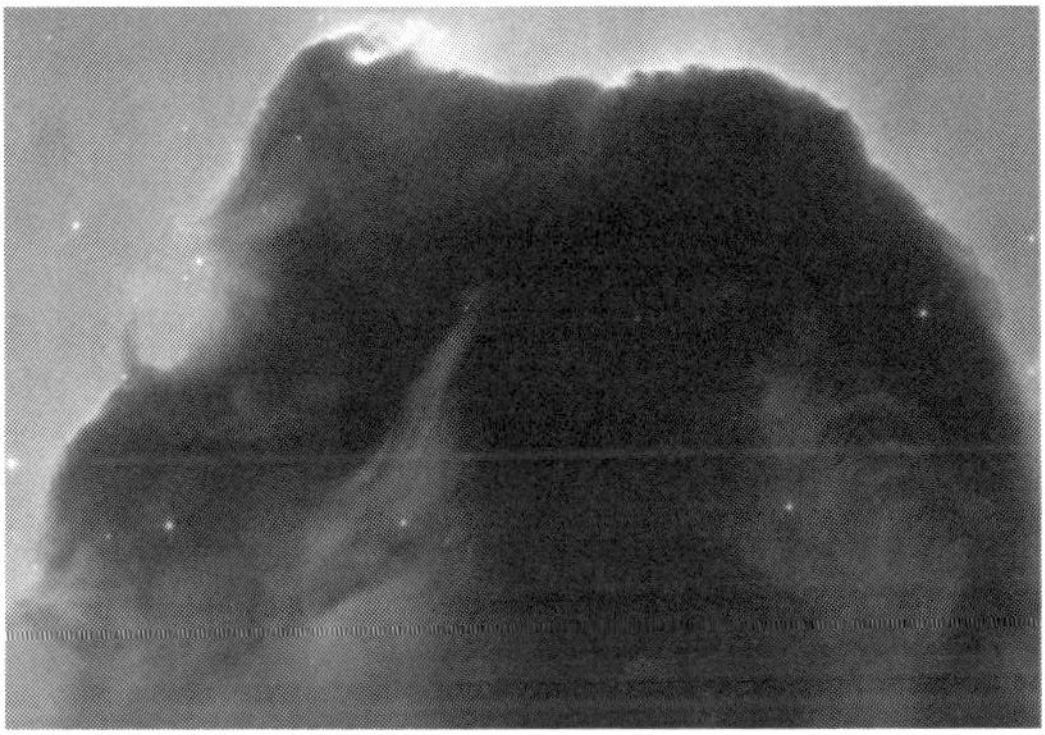

NASA

暗黒星雲の仲間だが、背後にある明るい散光星雲のおかげでシルエットになって浮かびあがった

図8　馬頭星雲

オリオン星雲は星の保育器のようなもので、星として輝きだす直前のものから、星になる第一歩を踏み出したばかりのものまで、さまざまな段階にある星のたまごが数多く潜んでいることがわかっています。

ミツボシの左端の星のすぐ横には別の有名な星雲があります。黒いもやもやからニョキッと突き出た馬の首に似た黒い雲、後ろから明るい光を浴びてシルエットになって浮かびあがった馬頭星雲です。

宇宙は真空だとよくいわれますが、実際に何もないわけではありません。星と星のあいだの広大な空間には、ガス（主に水素）が集まってつくる「星間雲」と呼ばれる領域が点在しています。雲といってもその密度は極めて低く、地球上でつくれる真空よりももっと中身は薄く、一立方センチメートル（角砂糖の大きさ）のなかに二〇個の分子しか含まれていません（同じ大きさの地球の大気のなかには三〇〇〇万個の一兆倍の分子があります）。しかし、宇宙の平均〇・一個よりは濃いので、雲となっています。さらに、そのなかに密度がまわりより一〇〇倍から一〇万倍も高く、ガスだけでなく固体（宇宙のチリ）まで含んだ「分子雲」があります。オリオン星雲も馬頭星雲も、この分子雲の仲間です。

オリオン星雲のように、なかにある明るい星の光に照らされているものは「散光星雲あるいは反射星雲」、暗いままのものは「暗黒星雲」と呼ばれます。暗黒星雲は本来なら暗くて見えませんが、たまたま後ろに明るい散光星雲があると、その光で馬頭星雲のようにシルエットになって浮かび上がることがあります。

星への遠い道のり

「すべての物体は互いに引き合う」。一七世紀後半、イギリスの科学者アイザック・ニュートンが「万有引力の法則」を発見しました。リンゴが木から落ちるのは、地球とリンゴが引き合って近づこうとするためです（地球と比べるとリンゴのほうがずっと小さいので、実際にはリンゴが一方的に落ちているように見えます）。この力「引力あるいは重力」は宇宙のあらゆるところで働いています。そして、重たいものほど引く力が強く、互いの距離が近いものほど強く引き合う、という性質があります。

分子雲のなかのガスやチリは、あまりに小さく軽く、距離が離れているために、そのままでは何億年たってもなにも起こりません。しかし、なんらかの衝撃を受け、分子雲が圧縮されると、ガスとチリのあいだで引き合おうとする力が働き始め、雲がゆっくりと縮みだします。星誕生への第一歩です。

縮んでいくうちに、物質の多いところはほかよりも濃くなり、濃くなると引き合う力が強くなるので、さらに濃くなりと、雲のなかに濃い部分、薄い部分がつくられていきます。濃い部分のなかでもより濃い部分とそれほどでもない部分ができると、それが何度もくり返されます。やがて分子雲のなかには星となる可能性を秘めた、数多くの非常に濃いガスの固まりがつくられます。つまり、星は特別な物質でできているわけではなく、宇宙のそこかしこにあるガスやチリがぎゅっと集まったものなのです。

分子雲のなかでつくられた個々の固まりは、将来星になるものという意味で「原始星」と呼ばれますが、ここに到達するまでに一〇億年もの時間がかかります。しかし、これでも星への道はまだ半ばです。重力による収縮はさらに続きます。

スター誕生

縮んでガスとチリが押し合いへし合いをするようになると熱が出ます。とくに物質がたくさん集まっている中心部分が熱くなっていきます。するとこの熱によって中心のガスの活動が活発になり、外に広がろうとする内部の圧力が生じます（やかんでお湯をわかすと、水蒸気の力でフタが踊り出すように）。縮もうとする重力、広がろうとする内部の圧力。重力で縮めば縮むほど中心温度が上がり、内部の圧力も強くなっていきます。両者のせめぎあいが続き、縮もうにも縮めない状態になりますが、中心でつくられた熱が表面へと運ばれ、放出されるようになると両者のバランスがとれるようになります。

大量の熱（エネルギー）が放出されるものの、このとき原始星の表面温度は二〇〇〇度から三〇〇〇度しかありません。そのため赤外線でなければ見えない「赤外線星」として輝いています。オリオン星雲のなかでは、この状態の星のたまごがたくさん見つかっています。

しかし、原始星の収縮はまだ続きます。表面から熱が放出されるため、内部の圧力が弱まってしまい、縮もうとする重力に対抗できなくなるからです。ふつうの物体なら熱を放出すれば冷えますが、星は重力が働いているために、熱を放出すればするほど縮んでさらに熱くなるという不思議な性質をもっています。

やがて、中心部の温度が一〇〇〇万度を超えるまでになり、これまでになかったことが起こります。原始星の主たる構成要素である水素が核融合を始めるのです。四つの水素原子核が融合すると一つのヘリウム原子核がつくられますが、このとき大量のエネルギーが放出されます（たった一グラムの水素がヘリウムに変わるだけで、石油八〇トンを燃やしたのと同じエネルギーが得られるといいます）。このエネルギーのおかげで星の縮む速度は遅くなります。

さらに縮んで、表面から放出されるのと同じだけのエネルギーを、水素の核融合反応でつくることができるほど中心部の温度が高くなると、星は縮みもふくらみもしない安定した状態を保つことができるようになります。これこそが、長い長い道のりをへてやっと迎えた「スター誕生」の瞬間です。

といっても、すべての原始星が星になれるわけではありません。中心部の温度が、核融合反応が起こるほど高くなるためには、重力が相当に強くなければならないからです。強い重力を生み出すには多くの物質（質量）が必要で、少なくとも地球三万個分、太陽の一〇分の一の質量がなければ、一人前の星にはなれません。星になるのも容易ではないのです。

星のファミリーは子だくさん

たとえ十分な質量をもっていたとしても、まわりの環境しだいでは、星になりそこなってしまう原始星もあります。

分子雲のなかでは収縮の過程で多くの濃いガスの固まりがつくられます。したがって、星は一個だけで生まれてくるというより、いくつもの星が同じ時期につくられ、集団（星団）を形成することが多いのです。また、分子雲は巨大なため、全体が一度に縮むというより、端のほうがまず縮んで星ができ、その余波で隣接する部分が縮んでと、年代のちがう星団が並ぶこともあります。オリオン座のなかでは五つの星のグループが確認されていますが、一番若い星団はいまだオリオン星雲の奥深くにあって、たがいにくっつくようにして赤外線で輝いているところです。

星が一人前の星として輝き出すと強い紫外線が放出されます。星が大きければ大きいほど強い光を放ちます。この光はときとして、あとから生まれてくる星の誕生を妨げることがあります。強い紫外線に照らされ温められたまわりの雲が、蒸発を始めてしまうからです。雲のなかに星のたまごが隠れていると、それが外部にさらされ、そのものも熱でとけてしまうことになりかねません。まるで先に生まれた強いヒナが、ほかのたまごを巣から落として排除してしまうかのように、一歩遅れをとったために星になれずに消えていくものもあるのです。

それでも星はつぎつぎと生まれ、グループをつくります。オリオン星雲を照らしているのは、中央にある四つの明るい星（トラペジウム）を中心として、約二〇〇万年前に誕生した二番目に若いグループです。あとのグループは六〇〇万年前、八〇〇万年前、一二〇〇万年前につくられ、たがいに隣接しあうように並んでいます。

多くの星が一度に生まれてくるのであれば、私たちの太陽にも兄弟がいたはずです。しかし、誕生から四六億年たった今、私たちはどの星が太陽の兄弟なのか、知ることはできません。星たちはしだいに離れ離れになり、まとまりをなくして、まわりに以前からあった星たちと混ざり合ってしまうからです。オリオン座の星のグループも、古いものほど広がっているのが観測されています。

人の眼は意外と正確

冬の星座でオリオン座のすぐあとに天にのぼってくるのがおおいぬ座です。この星座はオリオン座とは異なり一点豪華主義で、全天でもっとも明るい星シリウスがさんさんと輝いています。シリウスの明るさはマイナス一・五等級です。

二〇〇〇年以上も前から、星はその明るさによって一等星から六等星まで、六段階に分けられてきました。これは目で見た感じで分けたものなので、人によってちがったりしてあまり科学的なものではありませんでした。それでは不都合だと機械を使って正確に測りなおしたところ、一等星が六等星のほぼ一〇〇倍の明るさであること、一等級ちがうごとに明るさがほぼ同じ倍数だけちがうことがわかりました。人間の目もまんざら捨てたものではなかったのです。

昔からの基準をあまり変えずに、かつ科学的に、星の等級が新しく決め直されました。一等星と六等星では五等級ちがうので、一等級明るくなるごとに明るさを約二・五倍にし、五等級の差がちょうど一〇〇倍となるようにしたのです（明るさの基準としたのは北極星でちょうど二等級としたのですが、あとでわずかに明るさを変化させていることがわかりました）。

正確に測ってみると、シリウスのように一等級より明るいものがいくつかでてきました。そこで、一等級の約二・五倍の明るさのものを〇等級、もっと明るいものにはマイナスの等級をつけることにしました。オリオン座のベテルギウスは〇・四等級、リゲルは〇・一等級と、数の小さなものほど明るくなっています。この基準を使うと、満月は約マイナス一二・六等級、太陽はマイナス二六・七等級となります。また、現在宇宙のなかで見つかっているもっとも暗い天体は、宇宙のかなたにある三〇等級ほどの銀河で、月でともしたマッチの明かりくらいの明るさしかありません。

光はカメよりものろく

太陽とシリウスの明るさを比べてみると、約二五等級の差があります。五等級ちがうごとに一〇〇倍の明るさということは、太陽はシリウスの一〇〇億倍（一〇〇を五回かけたもの）も明るいことになります。太陽はそれほど特別明るい星なのでしょうか。

太陽は特別明るいのではなく、地球から特別近くにあるために明るく見えます。同じ一〇〇ワットの電球でも、近くにあれば明るく見えるし、遠くにあれば暗く見えるのと同じことです。光の明るさは、光源までの距離が遠くなればなるほど、その距離の二乗に反比例して暗くなります。地球とシリウスの距離は、地球と太陽の距離の約五五万倍もあります。そのため、実際には太陽より約一八倍も明るいのに、太陽の一〇〇億分の一の明るさにしか見えないのです。では、シリウスが特別明るい星かというと、そういうわけではありません。シリウスもまた、八・六光年と地球の近くにある星だからです。

地球をぐるりと一周すると四万キロメートル。光は一秒間に地球を七回り半、三〇万キロメートルも進むほどの速さをもっています。私たちの感覚では超超超特急ですが、広い宇宙ではカメの歩みより遅く感じられます。というのも、三九万キロメートル離れた月まで行くのに一・三秒、一億五〇〇〇万キロメートル離れた太陽まで行くのに五〇〇秒もかかるからです。つまり、私たちはいつも五〇〇秒前に太陽を出発した光、五〇〇秒前の太陽の姿を見ていることになります。

太陽のとなりの星までの距離は四〇兆キロメートル以上、シリウスまでは八二兆キロメートル、ベテルギウスは六〇〇〇兆キロメートル、リゲルは六六五〇兆キロメートルほど離れています。このまま地上の単位であるキロメートルを使っていたのでは、数字が大きくなるばかりなので、宇宙の距離を表わすのに「光年」という単位が使われます。秒速三〇万キロメートルの光が一年かかって進む距離、約九・五兆キロメートルを一光年といいます。この単位だと、となりの星までは四・三光年、ベテルギウスまでは約六四〇光年となります。

太く短く、それとも、細く長く

星が実際にどれくらいの明るさで輝いているかは、夜空を見上げてもすぐにはわかりません。星までの距離を考慮に入れなければならないからです。そこで、地球から同じ距離（三二・六光年）においたときの星の明るさを絶対等級で表すことにしました。すると、シリウスが一・五等級であるのに対し、リゲルはマイナス五等級と格段に明るい星だということがわかりました。ちなみに、私たちの太陽は絶対等級では四・八等級しかなく、星の世界ではごくごく平凡な、パッとしない星になってしまいます。

太陽から地球が一分間に受け取っているエネルギーは、一平方センチメートルあたり二カロリー、地球全体では一〇〇〇兆カロリーという膨大なものになります。しかし、これは太陽が放出している全エネルギーの五〇億分の一にすぎません。太陽をはじめとする星たちが、いかに大量のエネルギーを放出しているかがわかります。

星の明るさは、星が放出しているエネルギーの量で決まり、放出するエネルギーの量はその質量で決まります。シリウスは太陽の二・三倍の質量をもっていますが、約一八倍の明るさで輝いています。そのため、太陽よりもはるかに多くのエネルギーをつくりださなければならず、燃料の消費が激しくなります。質量が二・三倍あっても、太陽より先に燃料切れを起こしてしまうのです。

私たちの太陽の寿命は約一〇〇億年といわれています（現在は半ばにさしかかったところ）。それに対して、太陽の二倍の質量をもつ星は、太陽の一〇倍の明るさで輝き、約二〇億年で寿命を迎えます。質量が五倍の星は約一億年、一〇倍の星は約二六〇〇万年、一〇〇倍の星にいたってはわずか約二七〇万年で燃料を使い果たしてしまいます。

逆に太陽より軽い星は長生きです。もっている燃料はわずかでも、爪に火をともすようにチビチビとしか燃やさないので、長寿を保つことができるのです。太陽の半分の質量の星は一七〇〇億年、一〇分の一の星は実に数兆年の寿命があるといわれています。

太く短く生きるか、細く長く生きるか、太陽のようにそこそこか、星の寿命は生まれたときにもっていた質量で決まってしまうのです。

色が語る星の実像

冬の夜空は華やかです。ベテルギウスやリゲルをはじめとするオリオンの星々、シリウス、こいぬ座のプロキオン、ふたご座のカストルとポルックス、ぎょしゃ座のカペラ、おうし座のアルデバランなど、一等星や二等星が数多くあるだけでなく、オリオン星雲やプレヤデス星団なども暗い場所なら肉眼で見ることができます。しかし、華やかに見えるのには、星たちの色も関係しているのかもしれません。

シリウスやリゲルは青白く、ベテルギウスは赤。アルデバランは少しオレンジがかった赤で、プロキオンは黄色っぽい白、カペラは黄色。ひとくちに星といってもいろいろです。これほど色がちがうのはなぜでしょうか。

雨あがりに虹が見えることがあります。大気中に含まれる水滴のなかを太陽の光が通り抜けたさい、太陽の光を構成している赤から紫までの七色に光が分離され、虹をつくりだすのです。波長の短い紫から長い赤まで、波長ごとに水滴によって曲げられる角度が異なるために生じる現象です。

地上で太陽の光を浴びて進化した人間の目は、太陽がもっとも強く放出している七色、「可視光」だけしか見ることができませんが、実際には光はもっと多くの波長の電磁波によって構成されています。波長の長い電波、そして赤外線、可視光、それより波長の短い紫外線、X線、ガンマ線。可視光は電磁波全体のごく一部にすぎません。また、温度の高いものほど波長の短い電磁波を多く放出しています。

金属の固まりを熱すると、まず赤くなります。それから、オレンジ色、黄色となり、さらに熱するとドロドロになって白っぽくなります。完全に液状になったものにさらに熱を加えると青白くなります。星の色も同じで、表面温度の低い星の色は赤、温度が上がるにつれてオレンジ、黄色、白、青白となっていきます（私たちの目は紫よりも青をはっきりと認識するので、紫ではなく青く見えます）。

赤い星ベテルギウスの表面温度は約三三〇〇度ですが、青白い星のシリウスやリゲルは一万度前後と高温です。黄色い色をしたカペラはその中間で約六〇〇〇度になっています（私たちの太陽も黄色い星）。もっとも大量に放出する光の波長が、表面温度の高い星ほど短く、低い星ほど長いので、色がちがって見えるのです。そして大量にエネルギーを放出している星ほど明るく見えます。

ベテルギウスはなぜ赤い

リゲルのように表面温度が高く、青白い色をしている星が明るいのはこれまでの話から理解できます。では、表面温度が低く赤い色をしたベテルギウスが明るいのはなぜでしょうか。表面温度が低いということは、放出されるエネルギーの量が少ないということ、すなわち暗いということを意味しているはずです。何がベテルギウスを明るく輝かせているのでしょうか。

ベテルギウスが赤いにもかかわらず明るいのは、この星の表面積が途方もなく大きいためです。たとえ各部分から放出されるエネルギーの量が少ないとしても、面積が広ければ、全体からは大量のエネルギーが放出されることになります。赤くても大きな星であれば明るく輝くことができるのです。現にベテルギウスは直径が太陽の約一〇〇〇倍もある巨大な星です。そして、これほど巨大になったのにはわけがあります。

星は水素を核融合させ、ヘリウムに変換することでエネルギーを得ています。しかし、核融合反応を起こすことができるほど高温になっているのは、星のなかでも中心部だけ、全体からみれば一パーセントたらずの部分にすぎません。そこにある水素がすべてヘリウムに変換されてしまうと、星はエネルギーをつくることができなくなってしまいます。それでも星の表面からはエネルギーの放出がつづいています。それをどうやって補ったらよいのか、星は問題に直面します。

星はかつてエネルギーを得るのに使った方法、収縮を始めます。縮むことで熱を出そうとするのですが、以前とはちがい中心にはヘリウムでできた芯があります。芯は縮みますが、芯のすぐ外を取り巻く水素のガスは縮むことができません。なぜなら、縮んで温度が上がると核融合反応が始まり、エネルギーが放出され、広がろうとする力が生じて、縮んだ分を元に戻してしまうからです。芯は縮むのに、まわりのガスは縮まない、星はこのままの状態ではいられません。密度の高くなった芯がまわりに及ぼす強い圧力が星の外層を押し上げ、星はふくらみ始めます。歳をとり、中心で燃料ぎれを起こした星は、例外なく太り始めるのです。

ふくらめばふくらむほど星の表面積が広がり、それにともなって表面温度は下がっていきます。温度が下がれば星の色が変わり、四〇〇〇度を下回るとだんだん赤くなっていきます。つまり、ベテルギウスやアルデバランのように赤く明るい星は、歳をとって中心部の燃料を使い果たし、ふくらんだ星なのです。このような星を赤くて大きな星という意味で「赤色巨星」といいます（ベテルギウスのようにとくに明るく大きなものは「赤色超巨星」と呼ばれます）。

一〇〇万年前には青白くスリムだったベテルギウスが現在、巨大な赤い星となったのは、まさに年老いた結果だったのです。

ヘルツシュプルング・ラッセル図

寿命が一〇〇年たらずしかない人間にとって、一〇〇億年の寿命をもつ太陽の一生を最初から最後まで追いかけることは不可能です。原始星の時代や老年期まで含めたら、星の一生はさらに長いものとなります。それでも、太陽がどんな一生をたどるのか、情報を得たいと思ったらどうしたらよいのでしょうか。

一分間で人間の一生について知りたいと思ったら、老若男女、できるだけ多くの人を見て、得られた情報を分類整理するのが一番でしょう。星の場合も同じです。できるだけ多くの星を観測して、さまざまな特徴別に分類し、統計をとってみることです。

星の特徴でわかりやすいのが、明るさと、色から判断できる表面温度です。明るさは距離によって変わるので補正が必要（絶対等級）ですが、この二つを縦軸と横軸にとって星がどのように分布するかプロットしてみました。さまざまな星があるので、図上に点が散らばるかと思いきや、実際には大半の星が明るくて温度が高いことを示す左上から、暗くて温度が低いことを意味する右下へとつながる、狭い帯状の領域に集中してしまいます。放出しているエネルギーが多いイコール、明るい、かつ表面温度が高いということ、そしてエネルギーが少ないイコール、暗い、表面温度が低いということ、中間はそれぞれ中間ということなので、帯状に集まるのは当然なのでしょう。この帯状に集まった星のグループを「主系列」といい、そこに属する星を「主系列星」と呼びます。主系列星は、太陽のように中心部で水素を燃やしてエネルギーを得ている、いわゆるふつうの星たちです。

主系列に属さない星の大半は、主系列の右上と左下にさらに二つのグループをつくります。右上のグループに属するのが、表面温度が低いのに明るい星、老年期を迎えて太ったベテルギウスのような赤色巨星たちです。左下のグループに属するのは、表面温度は高いのに暗い星たちで、「白色矮星《はくしょくわいせい》」と呼ばれています。

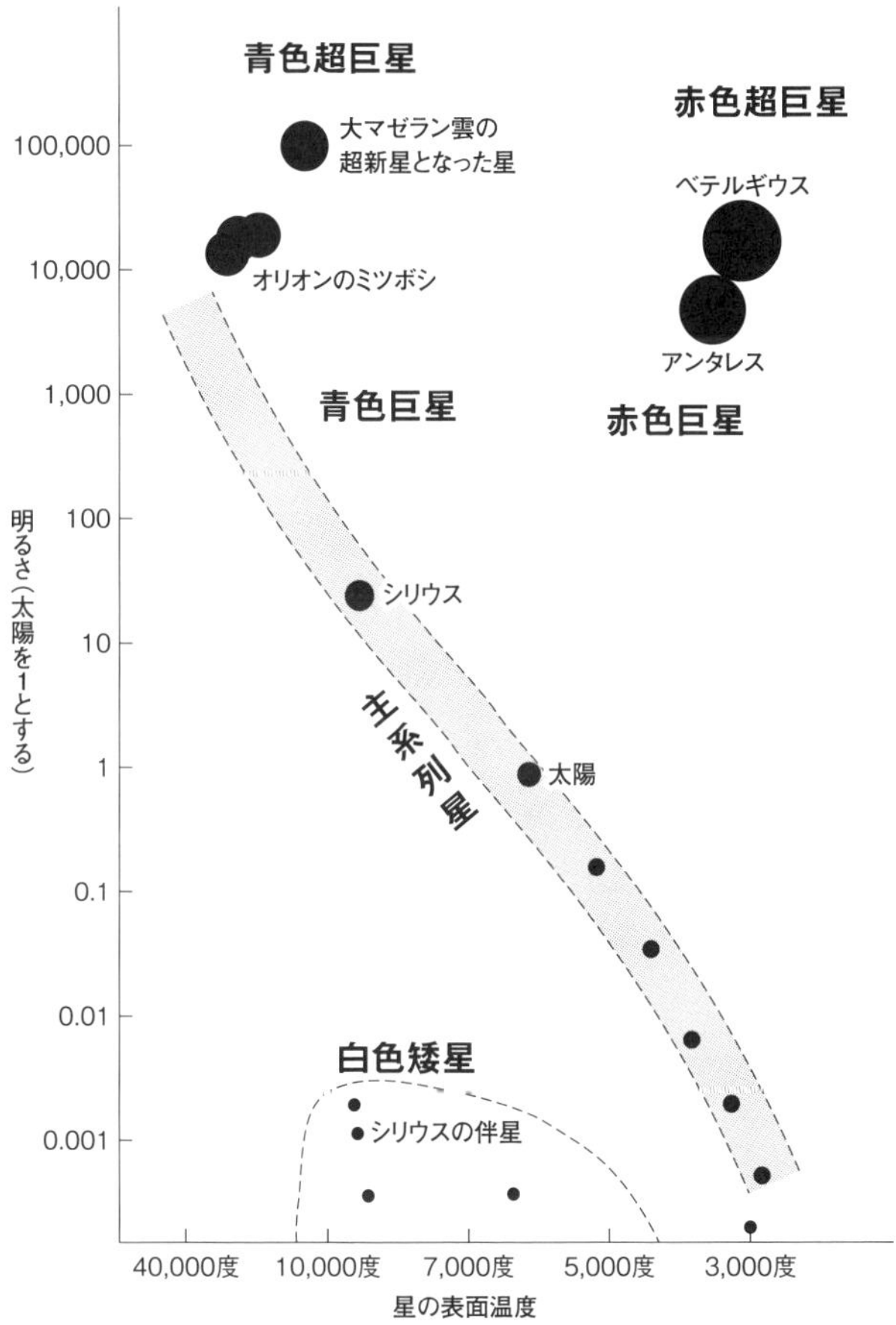

図9　ヘルツシュプルング・ラッセル図

この図は、最初に考案した二人の天文学者、デンマークのエニュア・ヘルツシュプルングとアメリカのヘンリー・ラッセルの名前をとって、「ヘルツシュプルング・ラッセル図」あるいは二人の頭文字をとってHR図と呼ばれています。

相棒がいたシリウス

一八四四年、シリウスを観測していたドイツの天文学者フリードリッヒ・ベッセルは奇妙なことに気づきました。シリウスが何か強い力で引っ張られているかのような動きをしていたのです。シリウスにそれだけの影響を与えるには、太陽と同じくらいの質量の星がなければならないのに、どんなに探しても星は見当たりません。ベッセルはいろいろ考えたすえ、シリウスには燃え尽きて光を出していない「暗黒伴星」がいるにちがいないと結論づけました。

星たちのなかには互いの距離が近く、ペアをつくっているように見える星も少なくありません。こういうペアを「二重星」と呼び、明るい方の星を「主星」、暗い方を「伴星」といいます。二重星のなかにも、実際には離れているのにたまたま近くに見えるものと、本当に近くにあって互いのまわりを回りあっているものの二種類があります。後者はとくに「連星」と呼ばれます。ベッセルは、シリウスは連星で、ペアをつくっている星は暗くて見えないと考えたのです。

一八六二年、ベッセルが予言した伴星が発見されましたが、シリウスの光が強すぎて思うような観測ができず、それがどんな星なのか、まったく正体がわかりませんでした。発見から約五〇年後、その星の表面温度が一万度もあるのに、明るさがシリウスの一万分の一ほどしかないことが判明しました。温度がシリウスと同じくらいあるのにとても暗いということは、この星が非常に小さいことを示しています。赤色巨星とは逆に、温度がどれだけ高くても表面積が小さければ、トータルで放出されるエネルギーが少ない、つまり暗いということになるからです。このような、表面温度が高いけれど小さな星が「白色矮星」です。HR図の左下のグループをつくる星たちです。

シリウスBと呼ばれる伴星は、太陽と同じくらいの質量があるにもかかわらず、その半径は地球の二倍ほどしかありません。地球の平均密度は、一立方センチメートル（角砂糖一個）あたり五・五グラムといわれています。ところがシリウスBでは四〇〇キログラムとケタちがいであることがわかりました。太陽の中心の密度の高いところでも一六〇グラムですから、ふつうの星とはかけ離れています。どうしたらこんな星ができるのか。ひとつ謎が解けたものの、さらなる難問の出現です。

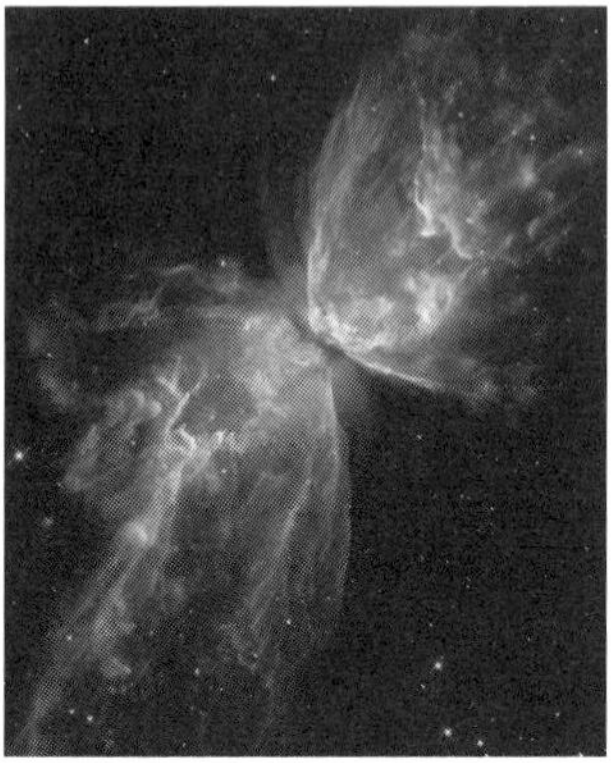

さそり座のバタフライ星雲

図10　惑星状星雲

宇宙の名画、惑星状星雲

ハッブル宇宙望遠鏡が撮影した数多くの天体写真のなかでも、宇宙の名画といいたくなるような、もっとも美しいものの多くが惑星状星雲と呼ばれるグループに属しています。花のような形をしたもの、リングの形をしたもの、アリや鳥のような動物の形に似たもの、リボンのような形をしたもの、色もさまざま、造形もさまざま、濃淡もさまざま。惑星状星雲と呼ばれるようになったのは、昔の小さな望遠鏡で見たときに、惑星のような円盤状に見えたからなのですが、実際には驚くほど複雑な形をし、微妙な色合いをした星雲たちです。

星はおそかれはやかれ中心部の水素を使い果たして太り出すことはすでに述べました。

ここまでは質量の大きな星も小さな星も、かかる時間はちがってもほぼ同じです。しかし、太り始めたところから先の運命は、星の質量やペアとなる星があるかないかなどによって大きく異なっています。まず、質量が太陽の八倍以下の比較的小さな星について考えてみましょう。

星の中心部（芯）は縮み、そのまわりのガスはふくらんでいきます。芯は縮んで密度がさらに高くなる一方、まわりのガスはふくらんでどんどん希薄になっていきます。やがて、芯とまわりのガスは離れ離れになり、薄く広がったガスは芯をぼんやりと包むようになります。このような状態を「惑星状星雲」といいます。赤色巨星からこの段階に到達するまでに、一〇〇〇年から一万年かかると考えられています。一方、ガスの真ん中に残された芯は、太陽の半分ほどの質量があるうえに、ぎゅっと縮んでいますから、高温で非常に小さくなっています。これが「白色矮星」です。

惑星状星雲のガスはその後もひたすらふくらみつづけます。そのため時とともに形も変わり、色も変わり、濃さも変わって、一〇万年もたつと星雲としての形を失い、まわりの空間に溶け込んでしまいます。美しいものの寿命は短い定めなのかもしれません。また、存命期間が短いため、見つかっている惑星状星雲の数も数千個ほどしかありません。

あとに残されるのは白色矮星。しかし、この白色矮星も少しずつ熱を放射することで冷えていき、やがて黄色矮星となり、赤色矮星となり、完全に冷え切った黒色矮星となって、宇宙の片隅で生涯を終えることになります。私たちの太陽も約五〇億年後には赤色巨星となり、惑星状星雲となり、そして白色矮星として残された芯もやがて静かに冷えていくことでしょう。

第三章 たそがれを迎えた星たち

彗星の番人の誤算

一七五八年、ヨーロッパではプロ・アマ問わず、天文学に興味のある多くの人が、熱心に夜空を見上げていました。イギリスの天文学者エドモンド・ハレーが、のちに彼の名がつけられることになる彗星《すいせい》がこの年再び地球に接近すると約五〇年前に予言していたからです。ハレー彗星を最初に見つけたという栄誉を手に入れ、有名になりたいと、多くの人が功名心をつのらせていました。フランス人シャルル・メシエもその一人でした。

しかし、問題がありました。現在のようにコンピュータもなく、正確な軌道計算がなされていなかったため、いつ、どこに出現するのか、ひどくおおざっぱなことしかわかっていなかったことです。とにかく毎晩空のあちこちを眺め、明らかに星とはちがう、ぼやっとした、位置を変化させる天体を探す、というのが当時の彗星の見つけ方でした。八月二八日、メシエはおうし座のなかでぼやっとした天体を見つけ、これぞハレー彗星と喜んだのですが、いつまでたっても位置が変わりません。明らかに彗星ではありませんでした。

その後も熱心にハレー彗星を探したメシエは、一七五九年一月一一日についに発見しますが、発見第一号の栄誉を手にすることはできませんでした。二週間以上前にドイツで発見ずみだったからです。メシエはがっかりしたものの、逆に彗星探しに意欲を燃やすようになりました。

死ぬまでに一四個の新発見を含む二一個の彗星を見つけて「彗星の番人」と呼ばれています。彗星探しをするにあたって、邪魔なものがありました。おうし座のなかで彼が見つけたもののような、彗星と紛らわしい、ぼやっとした星雲状の天体です。彼は彗星と無関係な、無視してもよい天体のリストをつくることにしました。これが現在でも使われている「メシエ・カタログ」で、Mと番号で示される星雲・星団の数は一〇九個になります。オリオン星雲はM42、プレヤデス星団はM45などとなっています。このなかで彼が一番に選んだのが、カタログをつくるきっかけとなったおうし座の天体です。

皮肉なことに、メシエは彗星探しそのものではなく、彗星探しの邪魔になる天体のカタログをつくったことで後世に名前を残すことになりました。

客星現わる

藤原定家《ふじわらのていか》といえば新古今集の撰者として有名な鎌倉時代の歌人ですが、『明月記《めいげつき》』という日記を残したことでも知られています。この日記には多くの天文現象についての記述がありますといっても、彼自身が天体観測をしたわけではなく、古い記録を調べて目にとまった出来事を書き写したものです。そのなかにこんな記述があります。

「後冷泉院の天喜二年四月中旬以後、丑の時に客星が觜（し）と参（しん）の度に出づ。東方にあらわれ、天開星に孛（はい）す。大きさ歳星の如し」（一〇五四年五月下旬ころに、おうし座の片方の角の先端近くに、木星と同じくらい明るい星が出現した）
『明月記』以外にも日本や中国でこの星についての記録がいくつかあり、それらを総合すると次のようになります（なぜかヨーロッパには記録がまるでありません。天は変化しないと信じられていたので、無視されたのでしょうか）。「この星はもっとも明るかったときには金星と同じくらい明るく、二三日間も白昼でも見ることができた。ギラギラと赤白色に輝いた。徐々に暗くなりながらおよそ二二カ月間見えていた」。中国や日本では、あるとき出現してしばらく輝いたのち消えてしまう天体を、ふつうの星と区別して、一時的にやってくるお客様の星という意味で「客星」と呼びました。金星と同じくらい明るく輝いたというこの客星、いったいどんな星だったのでしょうか。
メシエがおうし座で見つけた天体に興味をもった天文学者は多く、さまざまな記録が残されています。なかでも熱心だったのがイギリスのロス卿で、一八四四年、自分が描いた絵をもとにして、この天体に「かに星雲」と名づけました。
二〇世紀にはいって、アメリカの天文学者が一九一九年と二一年に同じ望遠鏡を使って撮った二枚のかに星雲の写真を比べ、この天体が明らかに膨張していることに気づきました。その膨張速度から逆算すると、かに星雲は八〇〇年前から九〇〇年前には一点に集まってしまいま

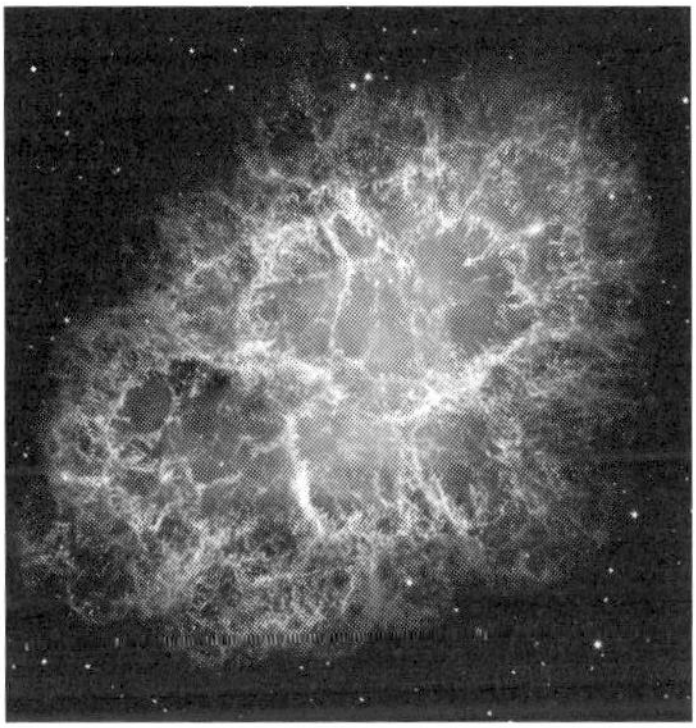

1054年の超新星爆発によってできた超新星残骸。
中心でパルサーが見つかった

図11　かに星雲

す。そしてその位置は、中国や日本に記録のある、一〇五四年の客星が出現した位置に非常に近いことが、古い文献を調べていた天文史家によって明らかにされました。

現在では、かに星雲が実際に一〇五四年の客星の約九六〇年後の姿であることが確認されています。一〇五四年にいったいなにがあったのでしょうか。

元素はどこからやってきたのか

私たち人間の身体は六〇兆個もの細胞で構成されているといいます。そして、それぞれの細胞は何十兆、何百兆という途方もない数の原子でつくられているとか。つまり、人体は六〇兆かける何百兆もの原子が一つになって働くことで成り立つ、非常に複雑で精密なものだということです。

人間を構成する元素のなかで、もっとも重量比が大きいのは酸素で、実に六五パーセントを占めています。次が炭素の一八パーセント、そして水素の一〇パーセント、チッ素の三パーセント、カルシウムの一・五パーセント、リンの一パーセントとつづきます。身体の大半は水でできていますから、それを構成する酸素と水素が多いのは当然でしょう。また、タンパク質と脂肪は炭素を中心として形成されていますので、炭素が多いのにも納得です。しかし、たった六つの元素で全体の九八・五パーセントが占められているというのはちょっと驚きです。

六つの多量元素のあとには、〇・二五パーセントから〇・一五パーセントの比で、イオウ、カリウム、ナトリウム、塩素、マグネシウムの五つの少量元素がつづき、そのあとは微量元素の鉄、フッ素、ケイ素、亜鉛……、超微量元素のアルミニウム、カドミウム……と、私たちの体内には三四種類の元素があるそうです。この数は現在確認されているすべての元素の約三分の一にあたります。

今から約一三七億年前に宇宙が誕生したとき、宇宙にあったのは水素とヘリウムだけでした。その証拠に、宇宙のどこを見ても、観測される元素のほぼすべてが水素とヘリウムです。では、地上で私たちが目にする多種多様な元素は、いったいどこからやってきたのでしょうか。身体全体に酸素を運ぶ手伝いをしている赤血球中の鉄は、筋肉をつくっている炭素や酸素は、骨を維持するカルシウムは、いったいどこでつくられたのでしょうか。

一瞬の三重衝突、炭素の誕生

ベテルギウスが老年を迎えたためにふくらんで赤くなったことについては前にお話ししました。これから、ふくらみ始めた星のなかでなにが起きているのか、見てみることにしましょう。

星の中心には、燃料の水素がすべてヘリウムに変換されてつくられた芯があります。この芯はエネルギーを生成することはできませんが、星の表面からはエネルギーの放出がつづいています。それを補うために芯はやむなく縮んで、熱を出します。かつて原始星がとっていたのと同じ方法です。原始星の場合、中心部の温度が一〇〇〇万度を超えたところで水素の核融合が始まりました。ヘリウムの芯のなかでは、中心が一億度を超えたところで、ヘリウムの核融合が始まります。

ヘリウムは独立独歩の元素で、互いどうしでもペアを組むということがない元素です。そのため、ヘリウムが核融合するためにはある条件を満たさなければなりません。三個のヘリウム原子核がほぼ同時に超高速で衝突することです。本来ならとても起こりそうもない出来事ですが、一億度という熱い芯のなかでは、ヘリウムが縦横無尽に飛びまわっており、どんなに稀なことでも起こりうる状況となっています。そして、一瞬の三重衝突。炭素の誕生です。難産の

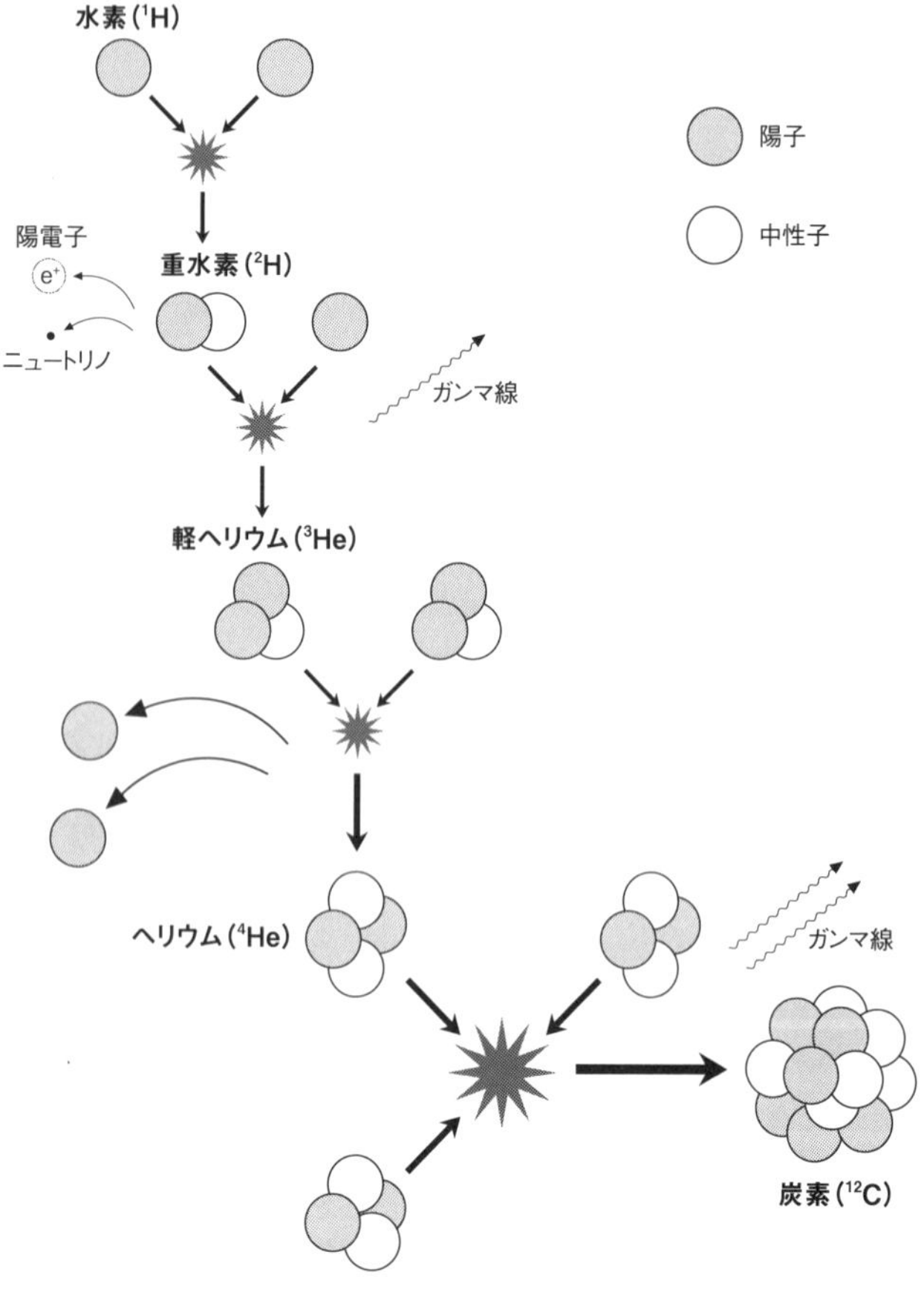

水素の核融合によってヘリウムが、ヘリウムの核融合によって炭素がつくられる

図12　原子核融合反応

すえ生まれた炭素はヘリウムとはちがい、いたって友好的で、炭素の一部はあっというまにヘリウムとくっつき、酸素をつくりだします。

これまで宇宙に存在していなかった炭素と酸素が星のなかで生み出されました。このとき、再び大量のエネルギーが放出されるおかげで、芯の収縮は止まります（それと同時にまわりのガスの膨張も止まります）。安定した状態が再び星に戻ってきました。しかし、平和は長くつづきません。核融合をするといっても、ヘリウムは水素と比べて一〇分の一のエネルギーしか出さないうえ、燃料となる量もずっと少なく、水素よりもはるかに早く燃え尽きてしまうからです。今度は、ヘリウムの芯のなかに、さらに炭素と酸素でできた芯があり、星は三層構造になってしまいました。

ヘリウムを燃やすことができなくなると、星の中心部はまた縮みます。まわりのガスは再びふくらみ始め、表面温度が下がって赤くなっていきます。ところが、質量が太陽の八倍以下の星の場合、あるところまで縮むと、質量が足りないため、それ以上縮まなくなってしまいます（質量が太陽の半分以下の星は、ヘリウムを燃やすところまでもいきません）。一方、まわりのガスはどんどんふくらみ、星は赤色巨星となっていきます。やがて、そのガスが芯から離れ、惑星状星雲となることについては前章で述べました。

電子の抵抗

星には私たちの常識では測れないところがいろいろあります。ふつうの物体なら熱を放出すれば冷えるのに、星は熱を放出すればするほど熱くなります（52ページ）。質量が太陽の八倍以下の星は、進化のはてに中心に炭素と酸素の芯がつくられ、やがてまわりのガスが飛散することで、芯が白色矮星としてあとに残されます。ふつうなら、芯（白色矮星）の大きさは質量の大きなものほど大きくなりそうなものですが、実際には質量の大きなものほど芯は小さくなります。これはいったいどういうことでしょうか。それにはミクロの世界を支配する物理学「量子力学」が関係しています。

原子はもともと原子核と電子で構成されていますが、核融合が起こるような高温高圧の状況下では両者はバラバラになって「プラズマ」と呼ばれる状態になっています。星の中心部では、原子核も電子も、ものすごい勢いで飛びまわり、重力に対抗する圧力をつくろうとしています。しかし、白色矮星の表面からはエネルギーの放出がつづいており、温度が下がってくると、原子核も電子も動きが緩慢になってきます。

こうなると、電子は「パウリの排他律」という量子力学の原理にしたがって、身を処さざるを得なくなります。電子のエネルギー状態は、低いところから高いところまでいろいろありますが、劇場の座席のように指定席になっており、ひとつの席にひとつしか入ることができませ

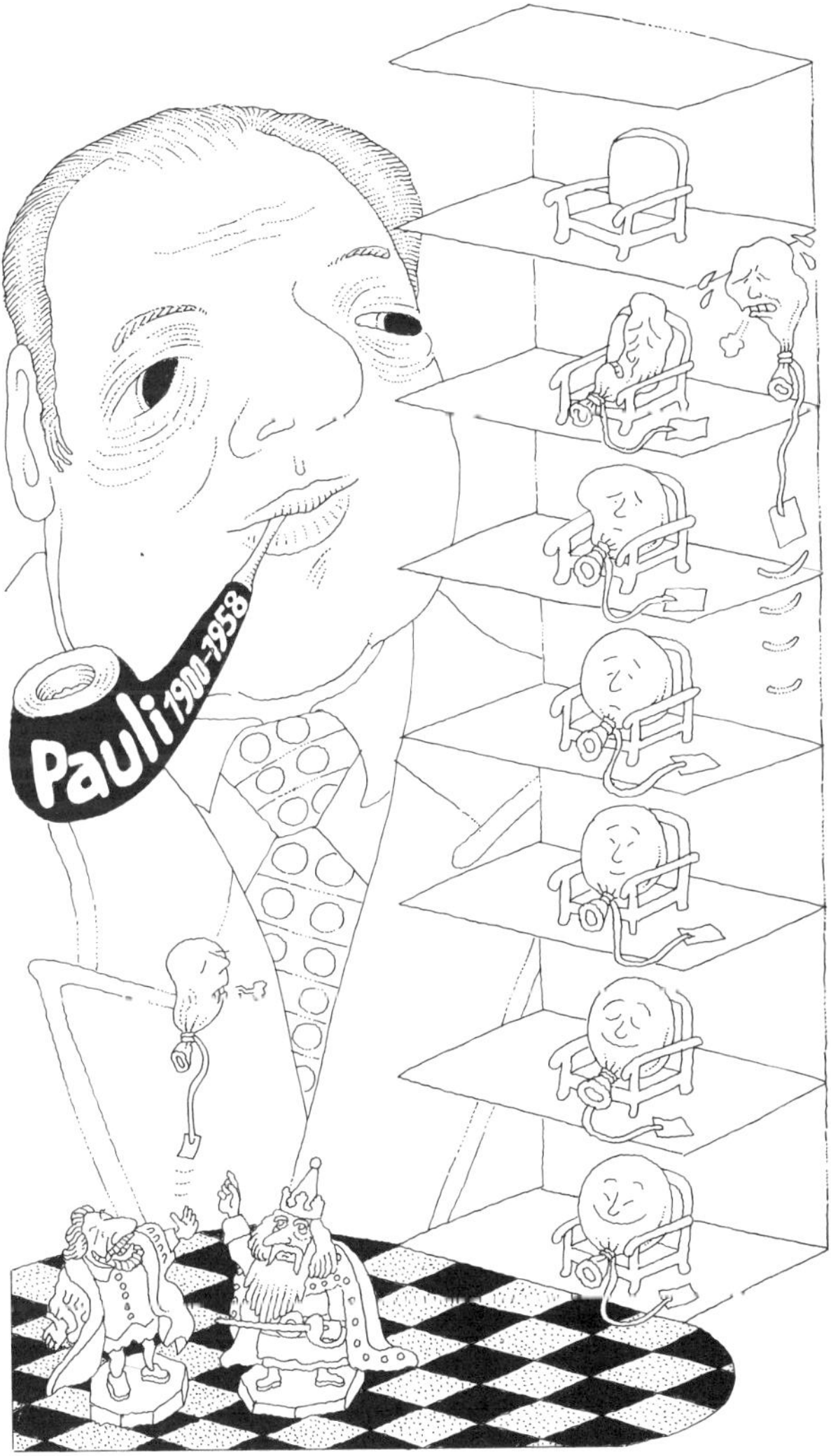
Pauli 1900-1958

ん。自由に動けたときはあちこち移動できたのでどこでもよかったのですが、動きが鈍くなってくると楽なところに落ち着きたくなります。しかし、指定席なので、エネルギー状態の低い一階席に行きたいと思っても、先客がいれば、二階席、三階席、四階席と、どんどんエネルギー状態の高いところに行かざるをえません。このことを「電子が縮退する」といいます。電子の数が多い、つまり密度が高いほど縮退した電子は高いエネルギー状態になるので、強い圧力を生み出すことができます。この「縮退圧」が重力に対抗して白色矮星を支えているのです。

インド出身のアメリカの天文学者スブラマニヤン・チャンドラセカールの計算によると、質量の大きな白色矮星ほど半径が小さく、中心密度が高くなっています。質量の大きな星は重力も強いため、密度を高くして縮退圧を強くしてやらないと、重力に対抗できないからです。逆に、質量の小さな星は重力が弱いので、密度をそれほど高くしなくてもよいことになります。その結果、質量の大きなものほど小さな白色矮星になりますが、平均すると白色矮星は地球くらいの大きさしかありません。

チャンドラセカールはまた、電子の縮退圧で支えられる重さには限度があることも発見しました。炭素と酸素の白色矮星の場合、この値は太陽質量の一・四六倍となっており、この限界の重さは彼の名前をとって「チャンドラセカールの質量」と呼ばれています。これらの研究によって、彼は一九八三年のノーベル物理学賞を受賞しました。

シリウスの伴星で白色矮星であるシリウスBが、一立方センチメートルあたり四〇〇キログラムもの重さであったのは（67ページ）、白色矮星が非常に密度の高い星だからにほかなりません。

大マゼラン雲に超新星出現

オリオン座のずっと南、南の地平線のさらに南にかじき座があります。この星座のなかに、私たちからもっとも近い銀河「大マゼラン雲」を見ることができます。一五一九年、初の世界一周航海中であったマゼランが記録に残したことから、この名がつけられました（このとき「小マゼラン雲」も記録されています）。肉眼でもはっきり見える天体です。

一九八七年二月二三日、大マゼラン雲のなかで、それまで存在していなかった明るい星が発見されました。むかし風にいうと、客星が出現したのです。となりの銀河とはいうものの、一六〇四年に「ケプラーの星」が観測されて以来、実に四〇〇年ぶりの肉眼で見えるほど明るい客星です。世界中の天文学者がいろめきたちました。ケプラーの時代には望遠鏡さえ発明されていませんでしたが、今回は大きな望遠鏡、精密な観測機器があるだけでなく、天文観測も宇宙時代に入って紫外線やX線を観測する天文衛星や空中赤外線天文台もありました。そのうえ、ニュートリノ（素粒子の一つ）を観測する装置もあって、ありとあらゆる角度からこの客星を観測する態勢が整っていたのです。

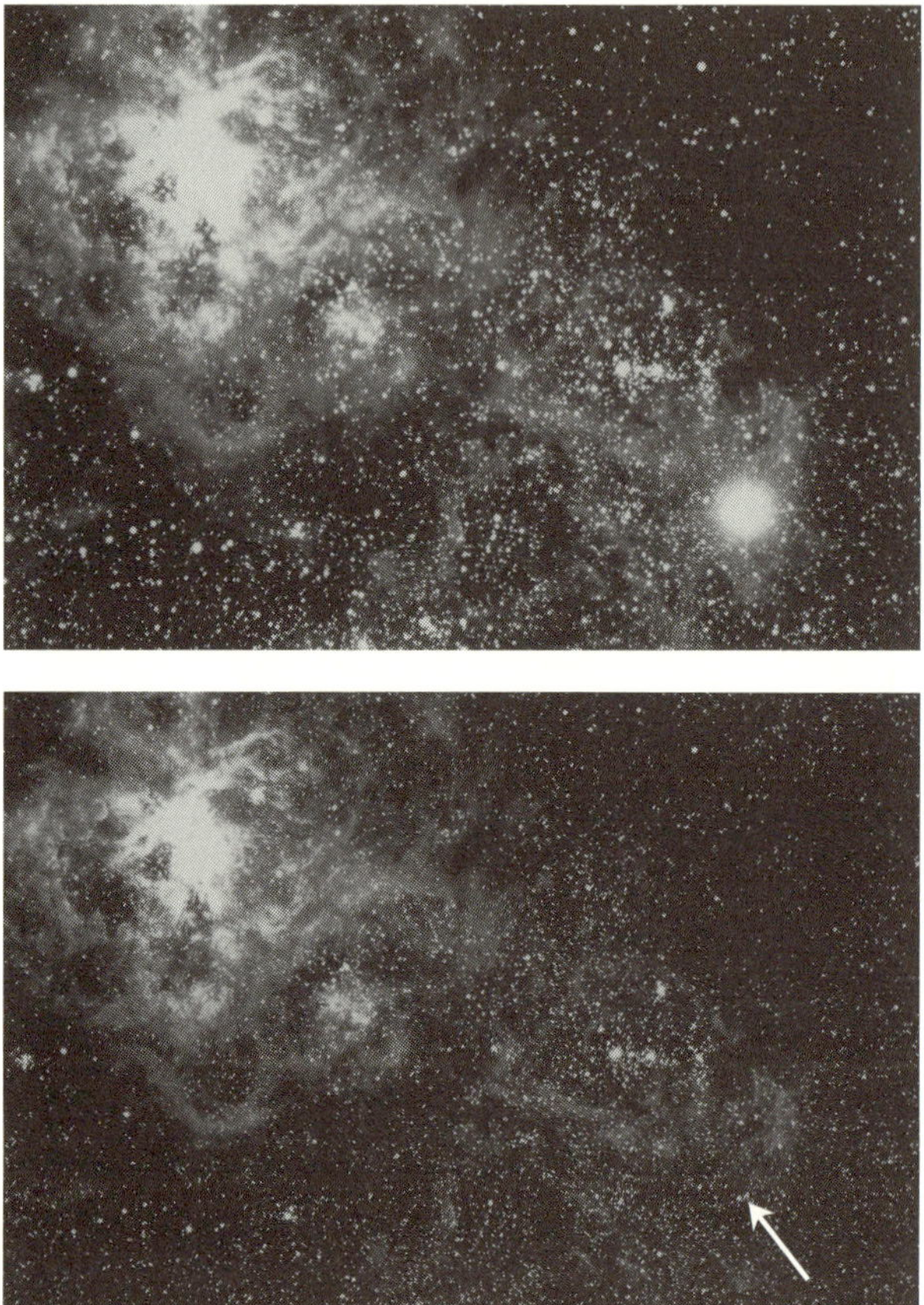

Anglo-Australian Observatory

下の写真の矢印は、超新星爆発の前にその位置にあった星

図13　超新星1987A〈上の写真の右下〉

岐阜県神岡鉱山の地中一〇〇〇メートルのところに、三〇〇〇トンの純水をたたえた巨大な水槽「カミオカンデ」がありました（現在はその後継機のスーパーカミオカンデがあります）。これは東京大学宇宙線研究所のニュートリノ検出器で、水槽の内側には、ニュートリノが水と反応して出す、かすかな光をとらえることのできる光電子増倍管と呼ばれるセンサーが一〇〇〇個つけられていました。一九八七年二月二三日午後四時三五分ころ、この検出器が一一個のニュートリノをとらえました。これは大マゼラン雲の客星が超新星爆発を起こしたことを示す動かぬ証拠でした。

質量が太陽の八倍以上もある重い星が、一生の最後に爆発を起こす（超新星爆発）ことは星の進化の研究からわかっていました。しかし、今回初めて、爆発する前の星がどんな星だったか、いつ爆発したか、爆発によってどれくらいのエネルギーが放出されたかなど、実際のデータが得られたのです。星のなかでなにが起きたのかの手がかりも得られ、それまで考えられていた星の進化の理論がほぼ正しかったことも証明されました。それに大きく貢献したのがカミオカンデです。

星が超新星爆発を起こすと、その直後に中心から大量のニュートリノが放出されると予測されていました。現実にニュートリノが観測され、それがもつエネルギー量が測定されたことで、爆発がどのように起こるかについて初めて詳細なデータが得られたのです。このニュートリノ観測の業績によって、東京大学の小柴昌俊教授が二〇〇二年のノーベル物理学賞を受賞しました。

大マゼラン雲の客星は、超新星の命名法にしたがって「超新星一九八七A」と名づけられました。

エネルギーをもち逃げするニュートリノ

もともと、カミオカンデは超新星からやってくるニュートリノをとらえることを目的に建設されたものではありませんでした。それはそうです。四〇〇〇年も私たちの銀河系のなかでは超新星は観測されていないのですから、超新星目当てにつくろうとしても予算はつかないでしょう。では何を目的としていたかというと、その一つが太陽からやってくるニュートリノをつかまえることでした(主目的は陽子崩壊の観測)。

水素が核融合してヘリウムになるさい、ニュートリノも一緒につくられます。ニュートリノは物質とほとんど相互作用をせず、太陽の中心から光速にほぼ等しい速度で飛び出してきます。もし、このニュートリノをとらえることができれば、太陽のなかで今なにが起きているのか推測することができるでしょう。目で見ることのできない太陽の内部、その情報がニュートリノによって得られるのです。

赤くふくらんだ赤色巨星のなかに話をもどすことにしましょう。中央に炭素と酸素の芯、そのまわりにヘリウムの層、外側にふくらみつつある水素の層と三層になった星が、太陽の八倍以上の質量をもっていた場合、それ以下の星とはまったくちがった晩年を迎えることになります。これらの星は十分な質量があるため、電子は縮退という抵抗をせず、炭素と酸素の芯はさらに縮みます。

中心温度が三億度を超えると今までになかったことが起きます。あまりの高温に、ニュートリノと反ニュートリノが対になって発生し始めるのです。ニュートリノは水素が核融合するときにもつくられていましたが、そのときの比ではありません。温度が上がれば上がるほど、生成されるニュートリノの数が増えていきます。ニュートリノは生成されるとあっというまに星から飛び出していってしまいますが、そのときエネルギーも一緒にもっていってしまうため、縮みつづけて重力に対抗するだけのエネルギーをせっせとつくらなければなりません。

中心温度はうなぎのぼりに上がっていきます。そして八億度。ここで炭素の核融合が始まり、酸素、ネオン、マグネシウムなどの元素がつくられると同時に、重力に対抗する十分なエネルギーを得られるようになります。しかし、ニュートリノのエネルギーの持ち出しがつづいていることもあり、ヘリウムの燃える時間の一〇〇分の一以下で炭素は燃え尽きます。あとには酸素、ネオン、マグネシウムの芯が残されますが、さらに縮んで温度が上がると、それらの元素もさらに短い時間で燃え尽きます。そして中心にはケイ素、イオウ、カルシウムの芯ができます。

元素製造機と化した星

縮んで温度を上げ、核融合を始め、燃え尽きるとまた縮み、温度を上げ、新たな核融合を始めとくり返し、星は自らの重さを利用して次々と新しい元素をつくっていきます。まるで元素製造機になったかのようです。しかし、中心温度が一〇億度を超えると、芯のなかは狂乱状態です。核融合が進む一方で、高いエネルギーをもった光子が原子核を壊し始めるので、くっついたりバラバラになったり、複雑な反応が起きて、さらにいろいろな元素が生み出されます。最終的にもっとも安定した元素である鉄がつくられます。

私たちの身のまわりにあるさまざまなものを構成している元素の四分の一近くは、こうして星のなかでつくられたものです。このとき星のなかをのぞいて見たならば、いろいろな元素の層からなる、たまねぎ構造が見られることでしょう。一方、外からは星は赤くふくらんだ赤色超巨星に見えます。中心部で事があまりに急速に進行しているため、まわりの水素のガスが芯から離れるまでにはいたっていないからです。

とはいっても、内部での出来事は水素の外層にも影響を与え、外層表面に変化が起こる可能

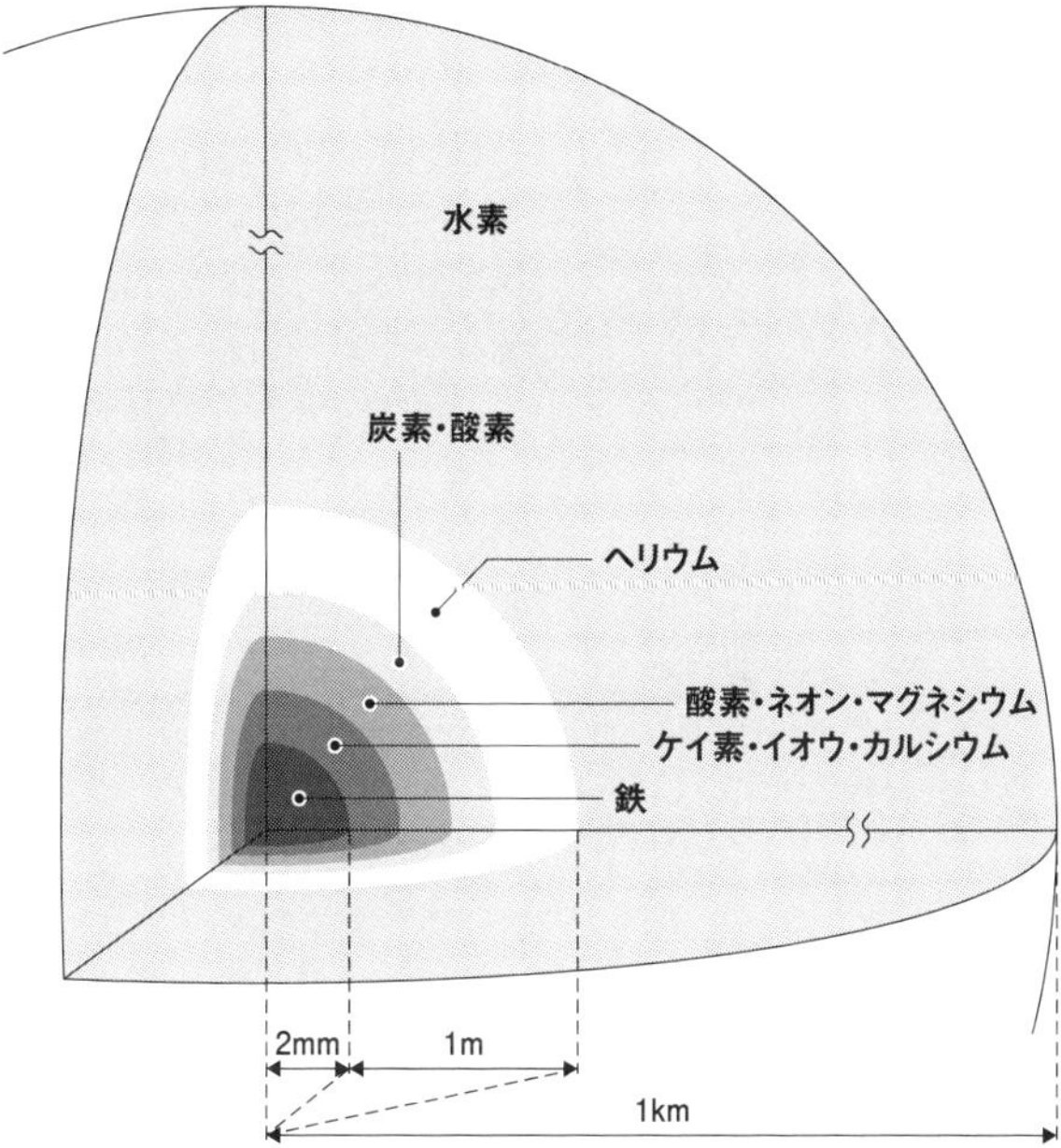

中心から表面までの半径は実際には約5億km。これを1kmとすると、中心からヘリウムの層までは1m、鉄の芯はわずか2mm。この鉄の芯に星の全質量の約10分の1が詰まっている

図14　超新星爆発直前の赤色超巨星の内部

性も考えられます。大きさが一五年間に一五パーセントも小さくなった、形が大きく変化している、ガスが大量に流出し表面の温度が不均一になっているなど、ベテルギウスの近年の変化がこれにあたるのではないか、ベテルギウスの中心では最後の瞬間に向けてのカウントダウンが始まっているのではないか、そう考える人もいます。

ミリ秒での大変身

鉄がつくられたところで、星は元素製造機としての機能を果たせなくなってしまいます。鉄はすべての原子核のなかでもっとも結合が強く、安定しているために、核融合をしないからです。それでも表面からのエネルギーの放出と、ニュートリノのエネルギー持ち出しはつづいています。星は縮んで熱を出し、重力に対抗しつづけますが、頑張りもこれまでという瞬間がやってきます。五〇億度という想像を絶する温度になると、中心部の鉄の一部が、あまりの高温のためにバラバラにされてしまうからです。

それまで重力に対抗していたエネルギーの一部がそのとき使われるため、中心部の圧力が急激に下がり、星は重力に対抗できなくなって、グシャッとつぶれてしまいます（重力崩壊）。まさにまばたきするヒマもない一瞬の出来事です（太陽の質量の八倍から一〇倍の星は、鉄までつくれるほど中心部が高温になりませんが、別の過程をへて圧力の低下が起こり、一〇倍以上の星と同様、重力崩壊を起こします)。

星の物質は中心めがけて高速で落ちていきます。ニュートリノの生成もますます盛んです。しかし、中心部の密度はどんどん高くなり、一立方センチメートルあたり四〇万トンにもなると、物質と相互作用をほとんどしないニュートリノでも簡単には出ることができなくなって、一〇秒ほど芯のなかに閉じ込められてしまいます。何百万年以上もかかって進化してきた星が、ここにいたって、ミリ秒の単位で大変化をとげるようになるのです。ニュートリノが閉じ込められているあいだにも、星の中心部の密度はどんどん高くなり、原子核も溶けてしまい、大半が中性子でできた一様なガスになってしまいます。中性子のあいだには互いに反発し合う力、斥力《せきりょく》が働くので、物質の落下は止まり固い芯がつくられます。

止まるといってもそれは中心のごく狭い範囲だけのことで、その外では秒速数万キロメートルという超音速で物質の落下はつづいています。中心には大半が中性子でできた非常に固い芯、その芯に超高速で落ちてきた物質が猛烈な勢いで衝突すると、そのショックで高温かつ強烈な衝撃波が形成されます。この衝撃波はさらに落下してくる物質をはね飛ばしながら、星の表面に向かって、秒速四万キロメートル前後のスピードで伝わっていきます。このとき、衝撃波がもつエネルギーは、太陽が一生かかって放出するエネルギーほどありますが、超新星全体のエネルギーのわずか一パーセントにすぎません。

一生の最後を飾る超新星爆発

水をいれたバケツを高いところから硬い地面に向けて落としたらなにが起こるでしょうか。バケツの底が地面についた瞬間、強い衝撃が起こり、それが水の表面に伝わって、水は華々しく飛び散ってしまうでしょう。似たようなことが最後を迎えた星のなかでも起ころうとしています。

大量のエネルギーをもつものの、衝撃波は中心から一〇〇キロメートルから二〇〇キロメートルいったところでへたってしまいます。中性子の芯のすぐ外にある鉄の層を通過するさい、鉄の原子核を分解するのにエネルギーを使ってしまうからです。衝撃波は立ち往生してしまいます。しかし、そこで助っ人として登場するのがニュートリノです。閉じ込められていた芯から抜け出し、衝撃波のすぐあとを追うように飛び出してきたニュートリノは、莫大なエネルギーを携えています。その一パーセントをもらって衝撃波は勢いを盛り返し、星の表面へと向かいます。鉄の層を越え、ケイ素の層を越え、たまねぎ状になった各層を越えて、衝撃波は二日ほどかけて星の表面にたどりつきます。このとき、星の中心部では衝撃波の熱でさまざまな核反応が起き、多くの種類の元素がつくられます。

衝撃波が表面にたどりついた瞬間、星は太陽の三〇億倍もの明るさで輝き出します。それと同時に、星全体が宇宙空間に向けて飛び散っていきます。超新星爆発の瞬間です。

爆発とともに星は広がっていきます。その速さは秒速一〇〇〇キロメートルから一万キロメートルという途方もないものです。かに星雲は現在半径が約一〇光年ありますが、一〇〇〇年たらずのうちにこれだけ広がったのは、一〇五四年の客星が超新星であったからにほかなりません。

私たちの身のまわりで見られる元素の数々は、星とその最後を飾る大爆発超新星によってつくられたものです。その意味で私たちはスターダスト（星くず）、星の子であるといえるでしょう。

緑の小人たちからのメッセージ

一九六七年夏、イギリスのケンブリッジ大学の電波望遠鏡が、不思議な電波信号をキャッチしました。四秒のあいだに約三回やってくるこの信号は実に正確で、その周期に一億分の一秒の狂いもありませんでした。それから一カ月ほどのあいだに、別の方角でも、似たような規則正しい信号がさらに三つ発見されました。

いったいこの信号はなんだろうか。天文学者たちは興奮し悩みました。最初は宇宙人が送ってきた信号だろうと考え、この宇宙人に「緑の小人たち（Little Green Men）」と名づけました。しかし、一つ二つならともかく、いろいろの方向でいくつも発見されるようになると、宇

DUST BIN

宙人があっちにもこっちにもいて、似たような信号を送ってきているとは考えにくくなりました。結局、この信号を発しているのは天体にちがいないということになり、脈動する星という意味で「パルサー」と命名されました。

規則正しい信号を送ることのできる天体はなにか、いろいろ知恵を絞りました。二つの天体がたがいのまわりを回っている、天体が収縮と膨張をくり返している、などの候補が考えられましたが、どちらも一秒や二秒でできることではありません。あと考えられることは天体が軸を中心として回転している場合ですが、ふつうの星がこれほど速く回転すれば、あっというまに遠心力でバラバラになってしまうでしょう。それに耐えるには、よほど重力でしっかりと結びついた、高密度な小さな天体でなければなりません。

高密度で小さいということから、パルサーの正体は白色矮星かと思われましたが、一九六八年にかに星雲のなかで一秒間に三〇回転もしているパルサーが見つかりました。この速度では白色矮星でも耐えられません。白色矮星よりもっと小さく、もっと高密度な天体でなければなりません。かに星雲が超新星爆発でつくられた天体（超新星残骸）であることから、パルサーも超新星となにか関係があるのではないか、と考えられました。

想像を絶する天体、パルサー

超新星爆発を起こした星は飛び散ってしまいますが、その中心には強い衝撃波をつくりだす原因となった芯が残されています。主に中性子でできていることから、この芯は「中性子星」と呼ばれます。生まれたての中性子星は一〇〇〇億度という超高温であるため、なかでは相変わらずニュートリノと反ニュートリノが次々とつくられています。しかし、一立方センチメートルあたりの密度が四億トンを超える中性子星からは、ニュートリノといえども容易に逃げ出すことはできません。すべてのニュートリノが中性子星から出ていくまでに一〇秒ほどかかってしまいます（カミオカンデがとらえた超新星一九八七Aのニュートリノは、この段階で放出されたもの）。ニュートリノが中性子星から持ち出すエネルギーが、超新星のエネルギーの実に九九パーセントを占めています。

ニュートリノがエネルギーをもって去ったあとの中性子星は、一〇キロメートルまで縮み、温度もガクンと下がってしまいます。しかし、その密度は一立方センチメートルあたり一〇億トン、角砂糖と同じ大きさのものが富士山と同じ重さをもつという、想像を絶する天体です。

これだけ小さく、これだけ密度が高ければ、一秒間に三〇回転してもバラバラになることはないでしょう。パルサーは超新星爆発のときにつくられる中性子星だったのです。ただすべての中性子星がパルサーになるわけではなく、まわりに強い磁場をもち、高速で回転しながら強い電磁波を出し、かつその電磁波が出される方向に地球があって観測できる場合にパルサーとして認識されます。

光も出ることのできないブラックホール

地球から宇宙に向けてロケットを打ち上げようと思ったら、どれくらいの速さにする必要があるでしょうか。答えは秒速一一・二キロメートル以上。これ以下の速さでは地球の引力に引き戻されてしまうからです。太陽から打ち上げる場合は秒速六一八キロメートル以上と、その天体の質量が大きくなればなるほど、また同じ質量なら、その天体が小さくなればなるほど、その引力は強くなります。

平均的な白色矮星から打ち上げるには秒速三〇〇〇キロメートル、太陽と同じ質量の中性子星の場合は秒速約二〇万キロメートル。光の速さの実に三分の二という途方もない速度になってしまいます。では、ある天体の引力を振り切るのに、光速と同じ秒速三〇万キロメートル以上の速度が必要だとしたらどうでしょうか。私たちは光によってものを見ていますから、光がこなければ何も見ることができません。では、この天体は見えるのでしょうか、見えないのでしょうか。

見えません。その天体から光が出ることができないからです。そこでこの天体は「ブラックホール」と呼ばれます。暗くて見えない黒い穴、というわけです。

中性子星は、中性子どうしのあいだで働く斥力で、途方もない重力に対抗しています。しかし、どんな重力にも対抗できるというわけではありません。太陽質量の二倍以上の重さに中性子星がなると、さすがの中性子もお手上げです。こうなると星を重力から守るものはなく、星は重力によって潰れていき、超超高密度天体となって、しまいには光さえも出て来られないほど重力が強くなってしまいます。ブラックホールです。

しかし、どれくらいの質量を星が生まれたときにもっていればブラックホールが形成されるのか、それはよくわかっていません。質量が太陽の二〇倍以下ということはないだろう、といわれていますが。

ブラックホールは光を出していないのですから、それを見つけることは不可能だということでしょうか。そうとは限りません。確かに単独でいるブラックホールは見つけることができませんが、もしパートナーがいれば、見つけられる可能性が出てきます。ブラックホールと相手の星の距離が非常に近ければ、その星の物質（ガス）がブラックホールに吸い寄せられることもあるでしょう。そのさい、物質どうしがこすれ、その摩擦熱で生じたX線が不規則に放出されます。現にこうして放出されたと思われるX線がいくつも観測されています。はくちょう座X1と呼ばれる強いX線源もその一つです。

一蓮托生、相棒のいる星

私たちの太陽は単独で輝いているため、星は孤高を保っているようなイメージがありますが、実際にはパートナーのいる星のほうが多く、単独でいる星は全体の三分の一くらいしかありません。二つの星がペアをつくっているものが約半分、三個以上の星が複雑に回りあっているケースも、けっして珍しいことではありません。これらが連星と呼ばれる星で、そのなかでもっとも明るく見える星が主星、主星以外の星が伴星です。

望遠鏡で見て二つの星が区別できるほど離れている場合、相手の影響を受けることはほとんどありません。しかし、星が非常に接近していると、相手の存在を無視することができなくなります。二つの星が太陽と地球の距離、一億五〇〇〇万キロメートルより近い連星「近接連星」の場合には、二つの星の進化は単独の星とはまったく異なったものとなります。

それぞれの星は自らの重力の及ぶ範囲、重力圏というものをもっています。主星Aと伴星Bからなる近接連星の場合、二つの星の重力圏は重なりあい、そのまわりには共通の重力圏がつくられます。かといって、二つの星の勢力がそのなかで同じになるわけではありません。それぞれの星に近いところでは、とくに一方の重力が強い「ロッシュ袋」と呼ばれる領域が存在します。近接連星のロッシュ袋は、二つの涙粒のとがった先端どうしをくっつけたような形になります。

質量の大きい星、つまり明るい主星Aは伴星Bよりも早く進化します。そこで、まずA星が中心部の水素を燃やし尽くし、ぶくぶくとふくらんで主系列星から赤色巨星へと姿を変えます。ふくらんだA星の外側のガスは自らのロッシュ袋いっぱいに広がり、やがてあふれ出します。あふれたガスはB星の重力に引かれて、二つのロッシュ袋の接点を通って、B星のロッシュ袋に勢いよく流れ込み、B星の上に降り積もり始めます。ガスの降り積もる速度が速ければ速いほど、その重力エネルギーが効率的に熱に変わるためガスは熱くなります。熱くなるとガスが膨張するだけでなく、エネルギーに満ちた強烈な光が放出され、上に降り積もろうとするガスをはね飛ばしてしまいます。

それでもA星からはガスが降ってきます。やがてB星のロッシュ袋もいっぱいになって、どちらの袋にもはいれないガスは、両者を取り巻く共通の重力圏へとあふれ出し、カイコの繭《まゆ》のような形になります。やがて共通の重力圏もいっぱいになって、繭の端からガスが流れ出します。このガスが連星系の角運動量をもっていってしまうため、二つの星は接近し、繭も縮んで小さくなります。繭が小さくなればさらにガスがあふれ、ガスがあふれれば繭はさらに縮みます。

やがてA星の外層のすべてのガスが放出されてしまいます。ガスがなくなれば繭の収縮も止

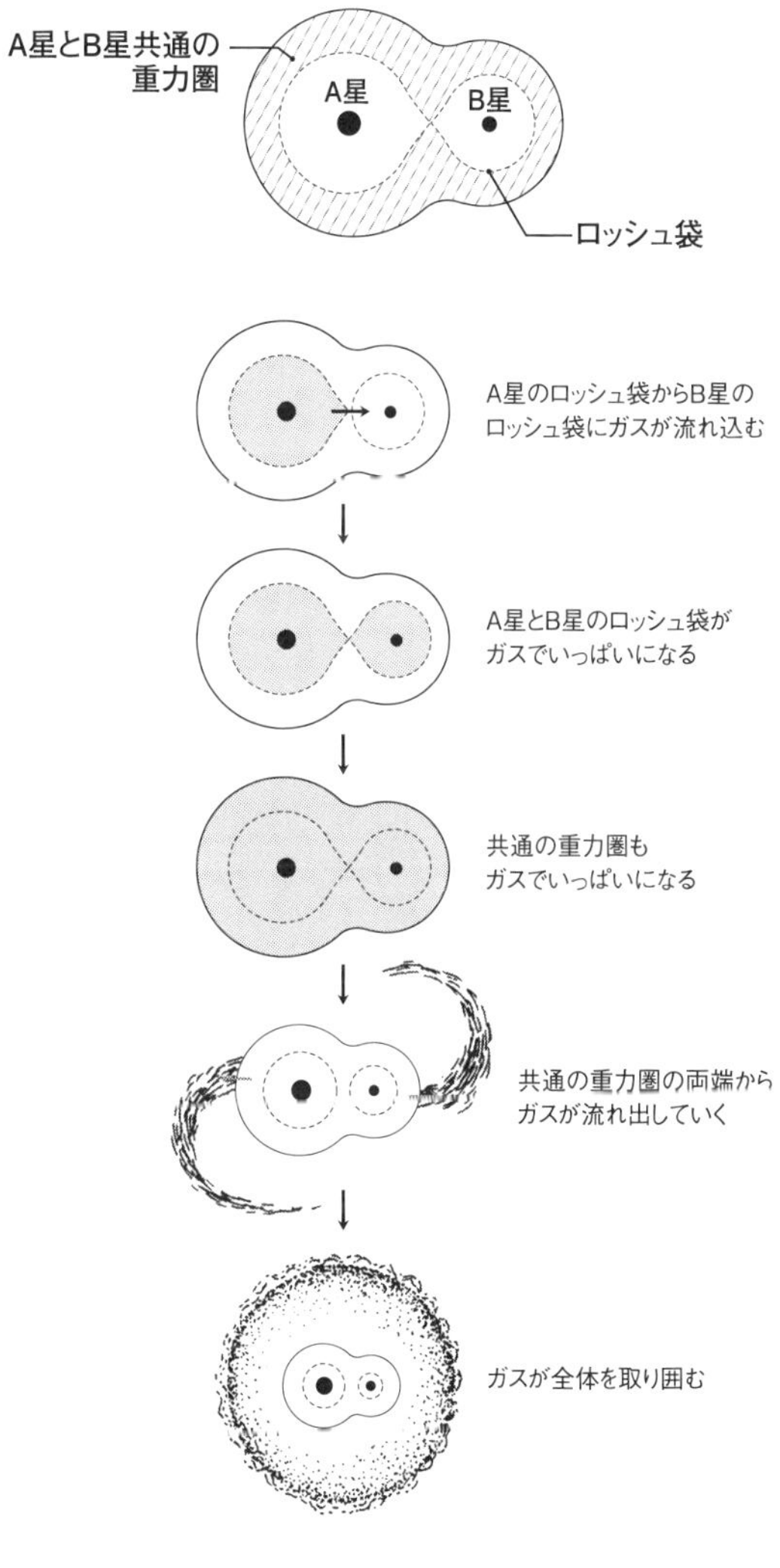
A星とB星共通の
重力圏
A星
B星
ロッシュ袋
A星のロッシュ袋からB星の
ロッシュ袋にガスが流れ込む
A星とB星のロッシュ袋が
ガスでいっぱいになる
共通の重力圏も
ガスでいっぱいになる
共通の重力圏の両端から
ガスが流れ出していく
ガスが全体を取り囲む

図15　近接連星の進化

まります。あとに残されるのは、以前よりも接近した二つの星、外層を失って白色矮星となったA星と、A星からわずかな質量をもらって少しだけ大きくなったB星。繭の外をA星の外層だったガスが取り巻いて、惑星状星雲のようになっていますが、一〇万年ほどで宇宙空間にとけこみ、見えなくなってしまいます。

星の若返り

人にはこれ以上他人に近づかれると不快になる距離というものがあるそうです。物理的にも、心理的にも、適度な距離を保つというのが人間関係をうまくやっていくコツなのでしょう。星も無難な距離だけ離れていれば他人の関係でいられますが、接近すればするほど、否が応でも関わりをもたずにはいられなくなります。

A星とB星が接近すればするほど、たがいのロッシュ袋も小さくなってきます。A星は半径が地球ほどしかない白色矮星、少し太ったとはいっても質量の小さいB星。この両者がさらに接近し、二つの星の距離が太陽の半径（七〇万キロメートル）ほどまで近づくと、B星の半径は自らのロッシュ袋よりも大きくなってしまいます。ロッシュ袋からあふれたB星の外側のガスは、A星の重力に引っ張られて、ジワジワとA星のロッシュ袋へ流れ出します。

主に水素からなるB星のガスは、ゆっくりとA星の上に降り積もります。積もったガスは自らの重みで圧縮され熱くなりますが、光がエネルギーを持ち逃げするのでまた冷えてしまいます。積もる速度がゆっくりであるほど、冷える度合いも大きく、ガスはあまり熱くなりません。とはいっても、A星に降り積もるガスの量が増えるにつれて、ガスの底の部分の密度と温度はしだいに高くなっていきます。やがて十分に熱くなった底の部分で水素に火がつきます。しかし、上に積もったガスが圧力釜のふたのように押さえつけているので、ガスはふくらむことができずに、温度は上昇の一途をたどります。その結果、あちこちでいっせいに核融合の暴走が始まり、一度に大量のエネルギーが放出され、爆発が起こります。

爆発が起これば星が明るく輝くので、それまで存在していなかった星が急に出現したように見えます。そこで、これらの星は「新星」と呼ばれますが、あまり時間がたたないうちに再び暗くなってしまうものがほとんどです(新星も客星の一種)。

爆発が起こるといっても、ガスが速く積もるか遅く積もるかで、その規模は異なっています。積もる速度がゆっくりであるほど、星が熱くなって水素に火がつくまでに時間がかかります。そこで積もるガスの量が多くなり、大爆発となります。どちらにしろ、爆発が起これば、それまでに降り積もったガスは、ほとんど吹き飛ばされてしまいます。

白色矮星という冷えていく一方の年老いた星が、相手の星からガスをもらい、温まって再び明るく輝くことを「星が若返る」といいます。爆発といっても、白色矮星の上に積もったガスが吹き飛ぶだけなので、再びB星のガスが降り積もり、二度三度と何度も爆発をくり返します。その間隔が短くて、くり返し現象が観測される新星は「再帰新星」と呼ばれます。

新星爆発は超新星爆発と比べてはるかに暗く、明るさにして一万分の一くらいしかありません。というのも、新星爆発を起こすペアは、主星となる白色矮星の質量が太陽と同じか少し大きい程度、伴星は太陽よりもずっと軽い赤色矮星だからです。

天然の炭素爆弾

ではペアの質量がもっと大きい近接連星の場合はどうでしょうか。白色矮星とC星からなるペアについて考えてみましょう。C星もやがて中心部の水素を燃やし尽くして、赤色巨星になるべく外層がふくらみ始めます。ふくらんだ外層のガスはC星のロッシュ袋いっぱいに広がり、そして接点を通って白色矮星のロッシュ袋に流れ出し、白色矮星の上に積もり始めます。白色矮星の質量はガスが積もった分だけ重くなり、少しずつ太陽質量の一・四六倍に近づいていきます（この値は電子の縮退圧で支えられる限度である「チャンドラセカールの質量」。82ページ）。

炭素と酸素からなる白色矮星の密度はもともと高いのに、上からさらに圧縮されるため、立錐《りっすい》の余地もなく原子核がぎっしりと詰まった中心では、マイナスの電荷をもつ電子を仲介にして、本来なら反発し合うプラスの電荷をもった原子核どうしが接近を始めます。炭素が核融合を始める温度は本来なら八億度ですが、これだけ原子核が接近していると、そこまで温度が上がらなくても炭素が燃え出してしまいます。最初はごくゆっくりと燃えていた炭素も、核融合で放出されるエネルギーで温度が上がるにつれて燃え方が激しくなり、中心温度も一気に五〇億度から一〇〇億度になってしまいます。ふつうなら星が膨張して温度が下がるところですが、電子が強く縮退してカチッと固まっている白色矮星は融通がきかず、簡単にふくらむことができません。

中心では炭素が燃えて熱い泡がつくられます。その泡は対流によってまわりのずっと温度の低いガスと混ぜられます。するとそこも熱くなり、新たに炭素が爆発的に燃え始めます。そこでつくられた泡はさらに上にある冷たいガスと混ざり……。この過程を何度もくり返しながら、白色矮星のなかの炭素はつぎつぎと燃えていきます。波が広がっていくように燃焼波面が伝わっていく様子を「爆発的燃焼波（爆燃波）が伝わる」といいます。

白色矮星のなかで爆発的な核反応が起こるのは、電子が強く縮退しているので星が思うように膨張できず、圧力釜のようになって温度が上がるためです。しかし、電子もいつまでも縮退しているわけではなく、温度が上がれば熱運動が激しくなり、密度が高くてもまた自由に動けるようになります。約一〇億度もの高温になると、電子の縮退は解除され、内部のガスの熱運動が激しくなって、圧力も高まってきます。ついには白色矮星そのものが爆発的に飛び散ってしまいます。白色矮星は天然の炭素爆弾となって、爆発してしまうのです。

爆発時にそれまで溜まりに溜まった膨大なエネルギーが一気に解放されます。そのため、星を構成していた物質は、秒速一万キロメートルもの高速で吹き飛ばされてしまいます。あとには何も残らず、あるのは広がっていくガスのみ。

この白色矮星の爆発も星の最後を飾る超新星で、Ia型超新星と呼ばれます。一方、質量の大きな星の爆発によるものはII型超新星に分類されます。


星が一生の最後に起こす大爆発、超新星。質量の大きな星の爆発であるにしろ、連星の進化の果てであるにしろ、ひとつの銀河と同じくらい明るく輝くこともある、大爆発です。そして、大量の元素が新たにつくられ、宇宙空間にばらまかれます。

今から五〇億年ほど前、いくつかの超新星爆発によって生成された元素を含む雲から私たちの太陽系が形成されました。もし、これらの超新星によってつくられた元素がなければ、私たちの地球も私たちも、生まれてくることはなかったでしょう。

約六四〇光年先にあるベテルギウス。この星が爆発したら、私たちは壮大な宇宙ショーを目にすることになるでしょう。そして、何十億年かのち、ベテルギウスの生み出した元素で構成された、新たな生命が宇宙のどこかで誕生することになるのかもしれません。

第四章　宇宙の扉を開く

ミクロの世界、マクロの世界

私たちの住む宇宙はいったいどんなところなのだろうか。宇宙には果てがあるのだろうか。地球以外にも生命の住む星があるのだろうか。

古来より人間は夜空を見上げては宇宙に思いをはせてきました。しかし、どんなに夜空を一生懸命ながめても、太陽、月、星がある周期で規則正しく動いていることと、惑星がときどき奇妙な動きをみせながら星々のあいだを動いていることしかわかりませんでした。人々はその知識をもとに暦をつくり、日々の生活の基礎としました。

一六〇九年、最初の一石を投じたのがイタリアの学者ガリレオ・ガリレイです。彼は少し前にオランダで発明された望遠鏡を空に向け、月の表面には地球同様、山や谷があること、天の川が星の集合体であること、肉眼では六、七個の星しか見えないプレヤデス星団が何十個もの星の集団であること、木星に四つの衛星があることなどを発見しました。彼はそのときの感動を『星界の報告』のなかで語っています。

望遠鏡より少し前、一五九〇年にやはりオランダで顕微鏡が発明されました（同じ眼鏡製造業者がつくったという説もあります）。しかし、発明した人がなにかを見たという記録は残されていません。ガリレオはこの顕微鏡にも興味をもち、改良して昆虫の複眼を見、その姿を描いています。一六二五年、この器械に「マイクロスコープ（顕微鏡）」と命名したのは彼の友人ファーベルです（ガリレオ自身は「オッキオリノ（小さな目）」と呼んでいたようです）。一七世紀半ばになると、顕微鏡が科学的な目的で使われるようになりました。技術の進歩とともにより倍率の高い顕微鏡がつくられるようになり、今では原子一個でさえ見ることができる電子顕微鏡まで存在しています。

蚊の眼は直径が〇・三ミリしかありません。眼は複眼になっており、それを構成しているのは数百個の単眼で、その直径はわずか〇・〇二六ミリ。顕微鏡の倍率を上げていくと思いもかけない姿が目の前に現われてきます。単眼をさらに拡大すると、表面をびっしりとおおっている直径一万分の一ミリの小さな突起が見えてきます。それを電子顕微鏡によってさらに五〇〇倍拡大すると、突起を構成する原子が見えてくるそうです。こうなると蚊のイメージとはまったくちがうものになってしまいます。顕微鏡は私たちが肉眼では決して見ることのできないミクロの世界を見せてくれます。

同様に、マクロの世界である宇宙のことを知るには肉眼で見るだけでは不十分で、見るための道具と見たものを記録する道具、自分がなにを見ているのかを理解する能力が必要とされます。ガリレオが倍率わずか一〇倍の望遠鏡で踏み出した第一歩のあと、最初は非常にゆっくりとした足取りでしたが、一九世紀半ばころからしだいに速くなり、ここ三〇年ほどは駆け足になりながら今日まで、宇宙の扉を開くための探求がつづけられてきました。そして今、私たちは宇宙の謎の多くを解明しようとしつつあります。

宇宙の過去を見る方法

ガリレオが見つけた木星の四つの衛星のうち、一番木星の近くをまわるイオが、次なる一歩のきっかけを提供しました。

嵐の日、稲妻が走ってから雷鳴が聞こえるまでにどれくらい時間がかかるかで、雷の落ちた場所が自分のいるところから近いのか遠いのかがわかります。音が伝わる速度は秒速三四〇メートル。稲妻が光ってから雷鳴が聞こえるまで三秒かかったとすると、約一キロメートル先のことなので安心していられます。しかし、ピカッとゴロゴロがほぼ同時であれば、これは要注意です。音が伝わるのに時間がかかることは、以前から知られていました。

一六七九年、デンマークの天文学者オール・レーマーは、パリの天文台で木星の衛星イオの観測をしていました。イオはしばしば木星の陰に隠れて見えなくなります。ある天体が別の天体の陰に隠れて見えなくなることを「食」といいますが、レーマーはイオの食が起こる時間が予想とちがっていることに気づきました。地球と木星の距離はそのときどきによって大きく変化します。太陽から見て同じ側にいるときは近く、反対側にいるときは遠くなります。イオの食は、地球に近いときには予想より早く、遠いときには予想より遅く起きていました。

その理由をいろいろ考えた結果、レーマーは、光が木星から地球にやってくるのにかかる時間が異なるために、食の起こる時間が変化するのだろう、という結論に到達しました。つまり、光は瞬時に届くのではなく、音と同じように伝わってくるのに時間がかかると考えたのです。彼の考えは正しかったのですが、一般に受け入れられるのに五〇年ほどかかりました。無理もありません。光の速さは音の九〇万倍、秒速三〇万キロメートルもあるので、一周四万キロメートルの地球では、瞬時に伝わると考えてもよく、光が伝わるのに時間がかかるという実感がもてないからです。

地上では光は瞬時に伝わるといってもまちがいとはいえませんが、ひとたび地球の外に目を向けると、光の速度が有限であることは、大きな意味をもってきます。一億五〇〇〇万キロメートル離れた太陽からやってくる光は、五〇〇秒かかって地球に届きます。逆にいえば、私たちはつねに五〇〇秒前の太陽を見ていることになります。雷鳴が発生したのが、必ずしも音が聞こえた瞬間ではなく、その距離に応じて音が届くのに時間がかかるのと同じことです。一番近い星の光でさえ私たちのところに到着するまでに四・三年、となりの銀河の光は約一七万年もかかります。すべての天体の光は、その天体の距離に応じた過去の姿を表わしているのです。

光が一年かけて進む距離、約九・五兆キロメートルを一光年といいます。

レンズよりも鏡

パリでレーマーが木星の観測をしていたころ、イギリスではアイザック・ニュートンが万有引力の法則と運動の法則を体系化しようと努力をつづけていました。

科学の世界にはいくつもの分野で大きな業績を残すスーパースターがときどき出現します。ガリレオしかり。ニュートンしかり。アインシュタインしかり。ガリレオが死んだ年、一六四二年に生まれたニュートンは、力学の法則を体系化した物理学者、微積分を考え出した数学者、ニュートン式反射望遠鏡を考案した光学者として、三つの分野で偉大な足跡を残しています。しかも、それらの基礎を考えたのは二〇代半ばの数年間だというから驚きです。

一六六六年、太陽の光をプリズムに通したニュートンは、光が赤から紫まで虹のように分かれることを発見しました。光は色ごとに周波数が異なっており、プリズムによって光を曲げると、曲がる角度がそれぞれ異なります。太陽光は単色ではなく、いくつもの色が混ざり合ったものなので、色が分離したのです。彼は人工的につくられたこの虹にラテン語で幻影を意味する「スペクトル」と名づけました。

レンズを通してたとえば足元を見ると、たしかに拡がって見えるものの、ありもしない色が現れたりピントがあわなかったりで、かえって見にくくなることがあります。光学の知識が豊富だったニュートンは、レンズによってみせかけの色が生じやすいことをよく知っていました。

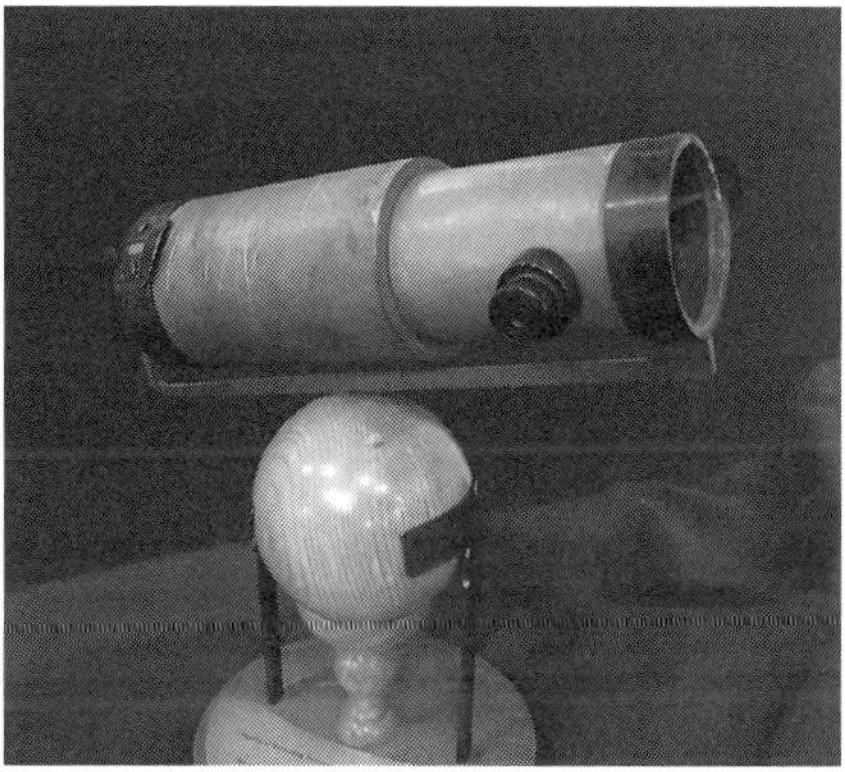

©Andrew Dunn

ニュートンが王立協会に献呈した反射望遠鏡のレプリカ

図16　ニュートン式反射望遠鏡

ガリレオがつくり、その後一般的に使われていたのは、レンズ二枚を筒の両端につけた屈折望遠鏡です。ニュートンはこの望遠鏡では、偽の色が邪魔して正確な観測はできないと考えました。

ジェームス・グレゴリーが鏡を使った反射望遠鏡をつくったことを聞いたニュートンは、一六六八年、自分で考案して新たな望遠鏡をつくりました。もともと器用で、実験装置などをつくるのが得意だったからです。彼の望遠鏡は、筒の底につけられた放物面鏡で光を集め反射し、筒のなかに置かれた平面鏡でその光を曲げ、接眼部に光を出すといういたってシンプルなものでした。これなら偽の色は生じません。この望遠鏡の製作が高く評価されて、彼は三〇歳の若さでイギリス王立学会会員に選ばれています。

レンズも鏡も問題だらけ

太陽系の惑星で昔から知られていたのは、肉眼で見ることのできる水星、金星、火星、木星、土星の五つの惑星でした。土星の先にある天王星は、望遠鏡を使って発見された最初の惑星です（一番明るいときは五・三等級あり肉眼でも見ることが可能で、一七世紀末にすでに観測されていましたが、恒星だと思われていたようです）。天王星の発見者はウィリアム・ハーシェルです。彼はドイツ生まれの音楽家でしたが（音楽家としてもすぐれた業績を残しています）、戦争を避けるためにイギリスにわたり、のちに趣味が高じて本職の天文学者になったという変わり種です。

ハーシェルは一八世紀から一九世紀にかけてすぐれた観測をしたことでよく知られています。彼は個々の星よりも、二つの星がペアをつくる二重星、星の集団である星団、もやもやとした形をした星雲に興味をもち、これらのカタログをつくることに情熱を燃やしました。

彼が観測に使ったのが、ニュートンが考案した反射望遠鏡でした。レンズを使う屈折望遠鏡はニュートンが考えた通り、みせかけの色を生じるため、それを避けるのに長さが何メートルもあるような望遠鏡がつくられました。また旗竿のてっぺんにレンズを置いて、手に接眼レンズをもってたまたま視野にはいった天体を観測する、といったことも行われたようです。しかし、これでは思うような観測ができません。

屈折望遠鏡に業を煮やしたハーシェルは反射望遠鏡に切り替えたのですが、こちらも製造は一筋縄ではいきませんでした。当時は金属鏡で、それを鋳造することから始めなければならなかったからです。おまけに精密な鏡面となるまで磨くのも大変で、扱いにくさはどっちもどっちという状況でした。

天の川はなぜ帯状なのか

四季折々の夜空を見上げていると気づくことがあります。夏と冬には頭上に天の川がかかり、多くの明るい星が見えるのに、春と秋には天の川がほとんど見えないうえに明るい星が少なく、さびしいことです。どうして春と秋には明るい星が少ないのだろうか、多くの星が集まってつくる天の川はなぜ帯状になっているのだろうか、これらの問いに最初に正解を出したのは天文学者ではなく、意外にも一八世紀の著名なドイツの哲学者イマニュエル・カントでした。

カントは自分で実験をしたり観測をしたりすることはありませんでした。書斎で、当時手に入れることのできた観測記録をもとに思索にふけり、一七七五年、『一般自然史ならびに天体論』を著わしたのです。彼はそのなかで宇宙の本質に関する自らの見解について語っていますが、それは現代の天文学者が抱いている宇宙像と多くの類似点をもち、そのほとんどを予知していました（音楽家ベートーベンの愛蔵書のなかにこの本があったそうです。ベートーベンは宇宙に思いをはせながら作曲をしていたのかもしれません）。

カントは、多くの星がレンズ状に集まってひとつの集団をつくっており、太陽もそのなかにあると考えました。レンズのなかからまわりを見わたすと、薄くなっているレンズの上下方向には星はあまり見えませんが、長い水平方向には多くの星が密集して見え、天の川を形成するというのです。

当時、宇宙の大きさがどれくらいあるか、まるでわかっていませんでした。また、夜空のあちこちに見られる渦巻きや楕円の形をした星雲状のものがいったいなんなのか、想像することさえできませんでした。カントはこれらの星雲についてもこう述べています。「天文学者が見ている星雲は、私たちの銀河と同じ、別のふつうの銀河だろう」。彼は、広大な空間に散らばる銀河を表現するのに「島宇宙」という言葉を造語したことでも有名です。別の銀河の存在が実際に観測によって確認されるのは一九二四年ですから、彼は一五〇年も時代を先取りしていたことになります。

天の川に関するカントの言葉を観測的に裏づけたのがハーシェルでした。徹底した観測家であった彼は、全天の星をたんねんに数え、その分布図を作成しました。太陽を中心に描かれているものの、その図は厚みが直径の五分の一ほどの円盤状になっています。望遠鏡の精度も低く、見えない星がたくさんあることを知らなかったハーシェルが描いたこの図は、実際の天の川銀河の姿とは大きく異なっています。しかし、銀河が円盤状になっていることを発見したことは、その後の研究にとって大きな意味がありました（銀河はカントが考えたようなレンズではなく、実際は中央が丸くふくらみ、端にいくほど薄くなる円盤の形をしています）。ハーシェルはまた、星雲を熱心に観測したことでも知られています。

光のなかに刻まれた線

屈折望遠鏡の最大の問題は、ありもしない色を生じるレンズでした。この欠点をなんとかしようと一八世紀半ばに考え出されたのが、凸レンズと凹レンズを組み合わせた色消しレンズです。よりよい色消しレンズをつくるための努力が、代々のレンズ製作者によってつづけられました。

一八一四年、より精度の高いレンズをつくろうと、ドイツのレンズ職人ヨーゼフ・フォン・フラウンホーファーは試行錯誤をくり返していました。彼は、質の良い色消しレンズをつくるには、光の散乱とガラスの屈折率について知らなければならないと考え、倍率の低い望遠鏡で太陽を観測し、得られたデータを詳しく調べることにしました。

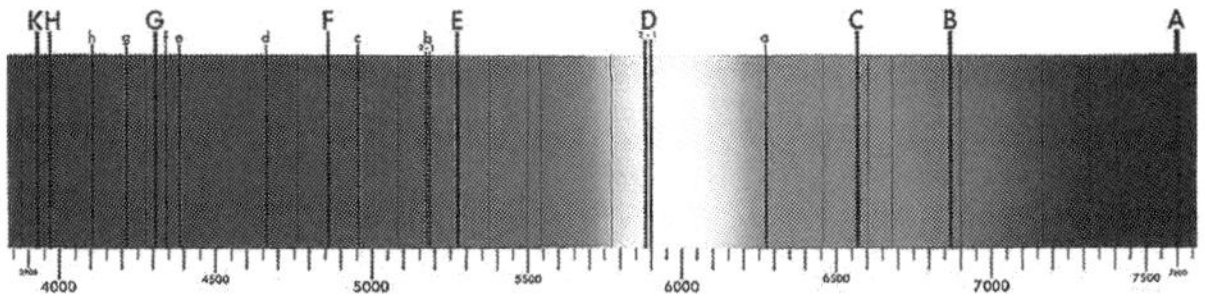

スペクトルに刻まれた黒い線から、その星に含まれる元素がわかる

図17　フラウンホーファー線

彼は望遠鏡の前にプリズムを置き、一五〇年前にニュートンがやったように、太陽光を分離してみました。すると、驚いたことに、七色に分かれたスペクトルのなかに、太いもの、細いもの、はっきりしたもの、かすかなもの、実に何百本もの線が刻まれていたのです。

どんな光でも同じところに線が現れるのかと考えたフラウンホーファーは、星からきた光も分離してみましたが、線の位置と濃さは、必ずしも太陽のものと一致しませんでした。これらの線がいったいなんなのか、なにを意味しているのか、まったく理解できなかったものの、彼は線の位置と濃さの正確な記録を残しています。これらの線は現在、フラウンホーファー線あるいはスペクトル線と呼ばれています。

元素の指紋を検出する

都会の夜を彩るネオンサイン。この言葉はもともと、ネオン原子の放つ赤い光をつかった看板という意味だったようです。

それぞれの元素はある特定の波長の光を放ち、ネオンの場合それが赤に相当する波長なのだとか。

一九世紀半ば、どの元素がどの波長の光を放つのか、最初に実験を行ったのはドイツの物理学者グスタフ・キルヒホフとロベルト・ブンゼンでした。彼らは実験室でいろいろな元素を熱し、スペクトルのどの波長が明るく輝くかをひとつひとつ調べていきました。彼らはまた、一六キロメートル離れた町で火事が起きたとき、その光を分析して、炎のなかにバリウムとストロンチウムがあることを示す線を検出しました。このことから、太陽の光を調べることで、そのなかにどんな元素があるか調べられないだろうか、と考えるようになったといいます。

キルヒホフはまた、冷たく薄いガスのなかを光が通過すると、そのガスに含まれる元素によって、その元素特有の波長が吸収されてしまうこともつきとめました。その光のスペクトルを見ると、元素によって吸収された波長の部分が、まるで鉛筆で線でも引いたかのように黒くなります（この線を吸収線あるいは暗線といいます）。

つまりキルヒホフは、明るく輝く線（輝線）は、光を放っている物質に含まれる元素を示し、黒い筋のような暗線は、光の道筋にある物質に含まれている元素を示していることを発見したのです。この発見は大きな意味をもっていました。

フラウンホーファーが太陽スペクトルに見た無数の線の多くは暗線で、太陽を取り巻く物質に含まれる元素を示しています。太陽と星のスペクトル線が完全に一致しなかったのは、含まれる元素が異なっていたからでした。私たちは太陽や星の近くに行って、それを構成する物質がなにか、直接調べることはできません。しかし、スペクトルに刻まれた線の位置を調べれば、近くに行かなくても含まれている元素がなにかを知ることができるのです。さらに、その線の太さと濃さから、その元素の温度や量までわかるというのですからいうことはありません。スペクトル線はある元素の有無を証明する、元素の指紋といっていいでしょう。

この発見は、光をそれを構成する色に分けて分析する学問「分光学」の始まりであると同時に、天体を物理学の見地から研究する天体物理学の始まりとなりました。

遠ざかるシリウス

都会ではパトカーや救急車のサイレンの音をよく耳にします。サイレンの音は最初、妙に甲高いのに、近くを通り過ぎたあとは、まのびした低い音に変わるのを、だれもが経験したことがあると思います。この音の変化を、一八四二年に数学的に説明したのが、オーストリアの物理学者クリスチャン・ドップラーでした。

音は波として伝わってきます。一秒あたりの波の数（振動数）が多いほど音は高く、少ないほど低くなります。音源が近づいているときは、音波が次々と押し寄せ圧縮された形になるので振動数が増し、音は高くなります。逆に、遠ざかるときには音波が引き延ばされた形になるので振動数が減り、音は低くなります。この現象を彼の名前をとって「ドップラー効果」といいます。

ドップラーはまた、自分が発見した原理は、音に限らずどんな波の運動にも適用でき、光にも同じような変化が起こると考えていました。しかし、音ならばその高低によって容易に判断できますが、光の場合、どうやったら識別できるのでしょうか。

一八六八年、イギリスの天文学者ウィリアム・ハギンズは全天でもっとも明るい星シリウスを分光観測していました。そして、そのスペクトル線を調べていて、水素の存在を示すスペクトル線が本来の場所から少し赤い色のほうにずれていることを発見しました。これはいったいなにを意味しているのでしょうか。

実はその二〇年前、光の速度を実験によって測定したことで知られるフランスの物理学者アルマン・フィゾーが、もし星が運動しているのであれば、ドップラー効果によってスペクトル線の位置がずれ、そのずれを調べれば、星がどんな運動をしているかがわかるだろう、と示唆していました。ハギンズはそのずれを実際に観測したのです。

ある天体が私たちから遠ざかっている場合、赤から紫まで広がったスペクトルに刻まれる線は、より波長の長い赤のほうにずれます（赤方偏移）。逆に近づいている場合には、より波長の短い青や紫のほうへとずれることになります（青方偏移）。スペクトル線がもとの位置からどれだけずれたかを測れば、どれくらいの速さで光源が遠ざかっている（近づいている）かがわかるというわけです。シリウスは私たちから遠ざかりつつあります。

見ることのできない天体を「見る」

私たちは三つのステップを踏んでものを見ています。瞳孔で光を集め、網膜でそれを検出し、脳に送って知覚し記憶する、という三段階です。残念なことに、人間は集光装置としても、検出装置としても、記録装置としてもすぐれているとはいえません。遠くのものや細かいものは見えないし、見えたとしても長く記憶にとどめておくことができません。

この人間の眼の欠陥を補い、少しでも遠くの天体を、より詳しく見るために発明されたのが望遠鏡です。一七世紀はじめに発明されて以来、より多くの光を集めるために、より大きな望遠鏡がつくられるようになりました。しかし、集光能力が上がったとしても、その光を受けるのが人間の網膜であるうちは、その記録はあまり信用のおけるものとはいえませんでした。スケッチを描くときのまちがいや、思い込みや錯覚によるまちがいがついてまわったからです。

写真が初めて撮影されたのは一八三五年だといわれています。その二年後に銀板写真が発明されました。

写真用語にフォトグラフ、ポジティブ、ネガティブ、スナップショットなどの言葉がありますが、これらを造語したのは、著名な天文学者ウィリアム・ハーシェルの息子で、自らも天文学者であるジョン・ハーシェルでした。彼は写真がよほど好きだったらしく、陰画像を焼き付ける方法を一八三九年に考案しています（天文学者であるのに、なぜか彼自身は天体の撮影をしませんでした）。

一八四〇年、最初に天体（月）を撮影したのはアメリカの天文学者ウィリアム・ボンドでした。それを皮切りに、四五年には太陽、五〇年には星（こと座のヴェガ）、五一年には日食、八〇年にはオリオン星雲、八八年にはアンドロメダ銀河の写真が初めて撮影されました。

天体写真が撮れるようになったということは、天文学にとって非常に大きな意味をもっていました。初期のフィルムの感度は、人間の眼とあまり変わりませんでしたが、どれだけ見ても最初に見たもの以上を見ることのできない私たちの眼と大きくちがう点がありました。長時間露出することでより多くの光を集められることです。その結果、肉眼では見ることのできない天体を「見る」ことが可能になったのです。写真技術が進歩し、感光乳剤の感度が上がるにつれて、わずかな光しかやってこない、よりかすかな天体が「見える」ようになっていきました。

写真は記録を残すという点でもすぐれています。天体の記録を直接かつ半永久的に残すことができるのです。一度撮影すれば、その写真をいつでも使えるし、天体と天体の位置を正確に測るのも容易です。同じ条件で時間をおいて何枚かの写真を撮ることで、その期間内に起きた変化を知ることもできます。一九世紀末には、プリズムを内蔵した分光写真機を望遠鏡につけることで、スペクトル写真を撮ることもできるようになりました。これでドップラー偏移を測り、星の運動やその速度を知ることができるようになったのです。天文学に写真技術が導入されたことで、より多くの天体が研究対象となり、より正確な記録が残せるようになって、天文学に革命が起きました。

星までの距離を測るには

星は月のように太陽の光を反射しているのではなく、自ら輝いているのだろう。しかし、太陽と比べてずっと暗く、望遠鏡で見ても点にしか見えないのは、星が非常に遠いところにあるからにちがいない。一八世紀初めには天文学者はこう考えるようになっていました。当時、個々の星が特有の運動をしていることがわかり、星が天球にはりついているのではなく、三次元の空間に散らばっていることがはっきりしたからです。そうなると、星までの距離を測ろうと考える天文学者がでてくるのは自然の流れでした。

しかし、どうしたら星までの距離が測れるのでしょうか。実際に距離が測定されるまでに、天文学者は多くの困難を克服しなければなりませんでした。

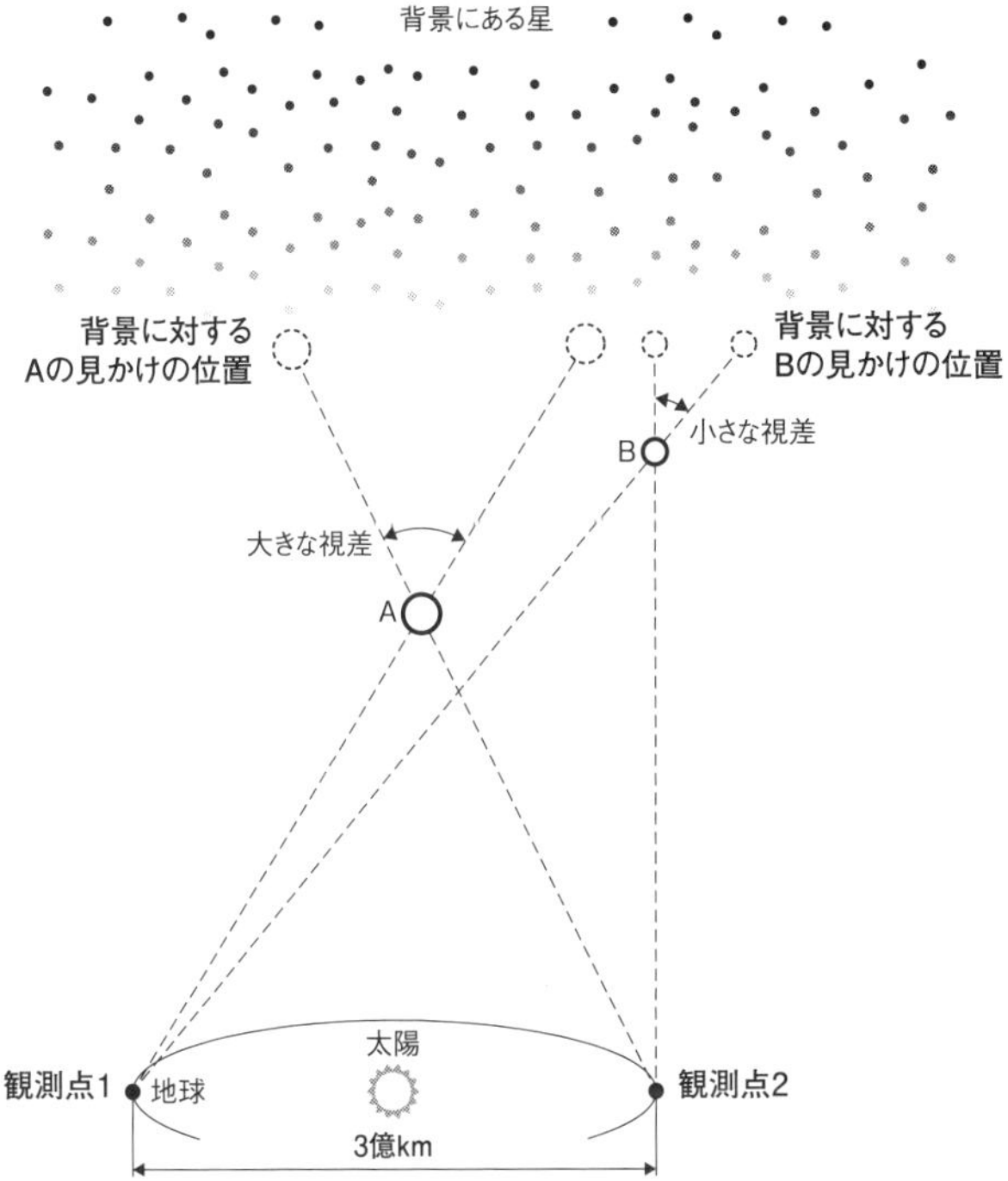

地球の軌道を利用し、三角測量の原理で、遠くにある星までの距離を測ろうとした

図18　星までの距離を測る

腕を伸ばし、人差し指を目の前に立て、右目、左目と片目で指を見ると、後ろの景色に対して指の位置がちがって見えます。右目と左目では、指を見る角度に差があるからです（これを「視差」といいます）。地上で距離を測るのに使われる三角測量はこれと同じ原理を使っています。距離のわかった二点から、距離を測りたいと思うものをそれぞれ測定し、その角度を求めて距離を出すのです。観測をする二点（三角形の基線）の距離が離れていればいるほど、より遠くのものを測ることができます。

天文学者はこの視差を使って星までの距離を測ることを考えました。まず測られたのが月。わずか三八・五万キロメートルしか離れていない月までの距離は比較的簡単に測定できました。次が火星。火星までの距離を測るのに必要な基線を得るために、地球の裏側まで行かなければなりませんでしたが、一六七一年についに成功。その値をもとに、太陽と地球の距離も約一億五〇〇〇万キロメートルと計算されました。

しかし、そこで頭打ちとなりました。地球上では、地球の裏側以上の長い基線をとることができません。つまり、火星より遠い天体は測れないということです。だが簡単にあきらめないのが天文学者です。彼らは地球の軌道を使うことを考えました。太陽をはさんでこちらとあちら、半年のあいだをあけて測定すれば三億キロメートルの基線を確保することができます。

だが、問題はそれだけではありませんでした。背景とする星の位置が正確にわからなければ、生じた角度が視差なのか、星の位置が変化したためなのか、観測の不備のためなのか、判断することができないからです。当時の技術では、星の正確な位置を決めるのは至難の業でした。

一〇〇兆キロメートルの彼方

天王星を発見したことで知られるウィリアム・ハーシェルは、星の正確な位置がわからなくても、距離を求める方法はないかと考えました。そして、考えついたのが接近して見える二重星を使う方法でした。一方の星が視差が求められるほど近くにあり、もう一方が非常に遠くにあるペアであれば、遠くの星に対する近くの星の位置の変化を測れば、それで視差が求められると。実に名案でした。彼は熱心に二重星を観測しました。でもうまくいきませんでした。ほとんどのペアがたがいのまわりを回りあう連星だったからです。

星の位置を正確に記した星図の作成、地球の運動によって生じるずれの正確な測定、非常に小さな角度でも測れる精密な測定器の製造、ひとつひとつの難問をクリアし、星までの距離を測る準備が整ったときには一九世紀半ば近くになっていました。

チャンスは半年に一回しかめぐってきません。まだ天体写真の導入以前の一八三〇年代末、三人の天文学者が相前後して星までの距離の測定に成功しました。最初に結果を発表したのはドイツの天文学者フリードリッヒ・ベッセルで、はくちょう座六一番星までの距離は約一〇〇兆キロメートル（約九光年）と出しました。長年の天文学者の夢がかなったのです。しかし、この距離は基線の三億キロメートルと比べてあまりに遠く、一九世紀末までに視差を使って測定できた星の数は一〇〇個にも満たないものでした。

とはいえ、太陽や星が、暗くなにもない空間にポツンとあることを実感するには十分でした。距離がわかったことで星の本当の明るさがわかり、距離が測れないほど遠い星の明るさも想像できるようになりました。宇宙は広い。本当の宇宙の姿を知る上で、大きな一歩になったといえるでしょう。

地道な仕事、人間コンピュータ

天体写真が撮れるようになり、スペクトルの研究が進むにつれて、星にもいろいろあることがわかってきました。スペクトル線の特徴が同じ星は、ほかにも共通点があるのではないか、そう考えたアメリカのアマチュア天文家ヘンリー・ドレイパーは、天体写真を使って星の位置を確認し、スペクトルを調べて星を分類する作業にとりかかります。しかし、彼は計画を始めてまもなくの一八八二年に死亡。この計画は夫人が基金を寄付したハーバード・カレッジ天文台のエドワード・ピッカリングのもとでつづけられることになりました。

最初にこの仕事をまかされたのは、ピッカリング家の家政婦でもあったウィリアナ・フレミングです。彼女はスペクトル中の水素の線の強さをもとに、スペクトル・タイプをAからPまで一六に分けたカタログを一八九〇年にまとめました。

写真乾板に写っている多くの星のスペクトルをひとつひとつ顕微鏡で調べ、その結果を読みやすい字でカタログに書きこむという、単純だが細心の注意と根気のいるこの仕事は、一九二四年に一〇巻に及ぶ大カタログが完成するまでつづけられました（このカタログには創始者であるドレイパーの名がつけられています）。それを担ったのはアレミング、アントニア・モーリー、アニー・キャノンをはじめとする何十人もの女性たちです。当時のアメリカでは、女性は天文学者になることも、男性と同じ大学で学ぶことも許されず、教育があっても補助的な仕事しかさせてもらえませんでした。彼女たちの時給はわずか二五セント（二〇〇円ほど。貨幣価値が現在とはちがうとはいうものの、薄給であることに変わりはありません）。朝から晩まで写真乾板に向かう日々で、人間コンピュータのごとく働きつづけました。

一八九七年、星のスペクトルのくわしい研究結果を発表したのが、ドレイパーの姪でもあったモーリー。そして、その翌年には、キャノンが星の表面温度にしたがってスペクトルを七つに分ける新たな分類法を発表しました。この方法は現在でも使われていますが、フレミングがつけたタイプ名をそのまま残したため、温度の高いほうからOBAFGKMと、ひどく覚えにくい順番になっています。各スペクトル・タイプは現在ではさらに一〇段階に分けられています。

星の色はさまざまです。ベテルギウスは赤、私たちの太陽は黄色、そしてシリウスは青白い。これらは表面温度のちがいを表わしており、おおざっぱにいって赤は三〇〇〇度、黄色は六〇〇〇度、白は一万度以上になります。スペクトルのタイプでみると、Aが一万度前後、Gが六〇〇〇度前後、Mが三〇〇〇度前後に相当しています。つまり、太陽はGタイプ、ベテルギウスはMタイプの星ということになります。

見かけの明るさがちがっても、スペクトルのタイプが同じであれば、二つの星はほぼ同じ明るさと考えてもよいでしょう。そこで、視差によって距離のわかっている星の明るさと、その星と同じ特徴をもつ遠くの星の明るさを比較することで、遠くの星の距離がわかるようになりました（天体の明るさは距離の二乗に反比例して暗くなります）。

宇宙を測るものさしの発見

夜空の星はまたたいているように見えます。しかし、このまたたきは揺らいでいる地球の大気のなかを星の光が通り抜けてくるために起こる現象で、星が実際に明るさを変化させているわけではありません。では、星の明るさはいつも同じかというと、そういうわけでもありません。実際に明るさを変化させている星（変光星）もたくさんあります（ただし肉眼でわかるほどではありません)。ベテルギウスもその一つで、老年期を迎えて星の内部が不安定になり、直径を大きく変化させながら心臓のようにドクドクと脈動するように変光するタイプです。

周期的に明るさを変化させる変光星もあります。急に明るくなったあと、比較的ゆるやかに暗くなるという周期で、五日と約九時間かけて三・五等級から四・四等級まで変化するケフェウス座のデルタ星はその代表です。この星の変化が一七八四年に発見されたあと、似たような変化を示す変光星が多く見つかるようになりました。そこで、このタイプの変光星は、最初に見つかった星の名前から、ケフェウス型あるいはそれを英語読みして「セファイド型変光星」と呼ばれるようになりました。

ハーバード・カレッジ天文台に雇われた人間コンピュータのなかにヘンリエッタ・スワン・レビットがいました。彼女もまた写真乾板をたんねんに調べていましたが、その仕事はスペクトルの分類ではなく、変光星を見つけることでした。時間をおいて撮られた同じ空の領域の写真を見比べ、明るさを変化させた星を見つけるという、これまたとんでもなく根気のいる仕事です。一七年間、こつこつと写真乾板と向き合った彼女は、二四〇〇個の変光星を発見し、それぞれの星の見かけの光度と、どれくらいの周期でもとの明るさに戻るかを記録する作業をつづけました。そのうちの二四個は小マゼラン雲のなかで見つけたセファイド型変光星でした。

星が実際にどれくらいの明るさなのかは、その星が近くにあるのか遠くにあるのか、距離がわからないとなんともいえません。しかし、小マゼラン雲のように非常に遠くにあることがわかっている天体のなかの星は、すべてほぼ同じ距離にあると考えることができます。日本から見て、ドイツの都市ベルリン、ボン、ミュンヘンなどがほぼ同じ距離だと考えていいのと同じです。したがって、見かけの明るさの差を、実際の星の明るさの差と思っていいでしょう。

小マゼラン雲で見つかった二四個のセファイドを調べていて、レビットは明るい星ほど変光周期が長いことに気づきました。一九一二年、彼女はこれらの変光星に関する三ページの論文を発表しました。星の変光周期の長さは一・二五日から一二七日で、平均すると約五日であり、見かけの明るさの平均と変光周期の長さはほぼ比例している、と。たとえば、三〇日の周期をもつセファイドは、三日の周期のセファイドのX倍明るいということです。

レビットの発見によって、星の相対距離が求められるようになりました。同じ明るさに見える二つのセファイドの、一方の変光周期が三〇日、もう一方が三日だとすると、Xは後者と前者の距離の比の二乗倍になります。最初のうちは、距離のわかっているセファイドが一つもなかったため、相対的な遠い近いしかわかりませんでしたが、別の方法でおおよその距離が測れるようになると、セファイドは宇宙を測るものさしとして、重要な役割を果たすようになりました。

太陽は銀河の中心ではなかった

人の才能がどこにあるかを判断するのはなかなかむずかしいものです。とくに好きだったわけでもなく、向いているとも思わなかった分野に入ったとたん、才能が開花してその世界の第一人者になる人がいます。アメリカの天文学者ハーロー・シャプレイもそんな一人でした。ジャーナリストになろうと大学に入ったらその年は目指すコースがなく、時間つぶしにリストの一番上にあった天文学（Astronomy：Aで始まる）のコースをとったところ、これが大正解。超一流の天文学者になって、天文学のさまざまな分野で多くの業績を残し、その後の天文学の発展に大きな貢献をすることになりました。

多くの星が集まってつくる星団のなかには、プレヤデス星団のように一〇〇個あまりの星がゆるやかに集まった散開星団と、数万個から数百万個の星が球状に集まった球状星団があります。球状星団のなかでは「こと座RR型星」と呼ばれるタイプの変光星が数多く見つかっています。これらの変光星は、変光周期が一・五時間から二四時間と大きく異なるにもかかわらず、その絶対光度がほぼ同じという特徴があります。これに目をつけたのがシャプレイでした。

シャプレイは球状星団までの距離をこと座RR型星を使って測ったのです。そうこうしているうちに、もっとも明るい星の明るさがどの星団でもほぼ同じであることに気づきました。これを次のものさしとして、こと座RR型星で観測できない球状星団の距離も測定することができるようになりました。こうして多くの球状星団の距離を測った彼は、それをもとに地図を描いてみました。

その地図は、球状星団の多くが太陽から遠く離れたところで球状に集まっていることを示していました。シャプレイはそこが私たちの天の川銀河の中心にちがいないと考え、その結果を一九一八年に発表しています。長いあいだ、人々は太陽が宇宙の中心であると信じてきましたが、太陽は宇宙どころか、天の川銀河の中心でさえなかったのです。

世界一の望遠鏡をつくりたい

シャプレイとは異なり、子供のときから星が好きで太陽が大好きで、好きなことを仕事にしたのがジョージ・エラリー・ヘールです。

多くのレンズ製作者の努力によって、屈折望遠鏡はより大きくなり、精度も格段に上がっていきました。しかし、レンズに光を通すためには、上下の二点で支えなければならず、レンズが一メートル以上になると、重くなりすぎて製造するのがむずかしくなることが予想されました。より大きな望遠鏡をつくるためには、鏡全体を裏から支えることのできる反射望遠鏡にするしかない、一九世紀後半にはそう考えられるようになりました。

金属鏡をつくるのは一大事でしたが、一九世紀半ばに、ガラスの円盤を研磨して凹面鏡をつくり、そのうえに反射率の高い銀膜を塗るという方法が考案されました（現在は銀ではなくアルミニウムを蒸着させる方法がとられています）。これによって反射望遠鏡はつくりやすく、そして扱いやすくなりました。天体をくわしく観測したり、かすかな天体を観測するためには、望遠鏡の口径を大きくして、できるだけ多くの光を集める必要があります。ヘールはより大きな反射望遠鏡をつくることに情熱を燃やしました。

太陽の観測家として有名だったヘールは寄付集めの天才でもありました。まず、カーネギー財団の援助によって、ロスアンゼルス近くのウィルソン山に、一九〇八年、当時最大の口径一・五メートルの望遠鏡を完成させました。シャプレイが天の川の地図を描くのに必要なデータを得られたのはこの望遠鏡のおかげです。つづいてヘールは個人からの寄付によって口径二・五メートルの望遠鏡の製造に着手し、一九二〇年に完成させます。

ヘールはさらに上を目指しました。口径五メートルの望遠鏡の製作に取り組んだのです。しかし、五メートルになるとかかる費用もケタ違いで、寄付を集めるのも容易ではありません。ヘールはハーパーズ・マガジンに次のように書き、寄付への理解を求めています。

「埋蔵された宝物のように、大宇宙の前哨は有史以前から冒険好きの人々をさし招いている。天界の政界実業界の貴族や権力者も、科学者と同様この地図のない空間に誘惑を感じている。天界の宝物を探しだす費用が、モルガンやフリントが埋蔵した宝物を探しだす費用より多くかかるとしても、その期待される富はさらに大きく、またその途中の興味もけっして劣るものではない」

ロックフェラー財団からの寄付により、パロマ山頂に建設された五メートル望遠鏡は一九四九年に完成しましたが、ヘールはその一〇年前にこの世を去っていました。彼の記念碑ともなったこの望遠鏡は「ヘール望遠鏡」と命名され、宇宙の本格的な宝探しに威力を発揮することになりました。

宇宙の大きさをめぐる論争

一六〇九年にガリレオが望遠鏡を発明して以来、人々が認識できる宇宙はしだいに大きくなっていきました。ガリレオ以前には、月までの距離の数倍先に天球があると思われていたことを考えると、格段に大きくなったといえるでしょう。しかし、二〇世紀初めになっても、私たちの銀河（天の川銀河）が宇宙そのものなのか、それとも宇宙はもっと大きいのか、わからないままでした。数多く見つかっていた渦巻きの形をした星雲が、私たちの銀河の外にある天体なのか、それともガスが集まってこれから星を生み出そうとしている銀河内の天体なのかをめぐって、さかんに議論がおこなわれていました。

シャプレイは私たちの銀河が宇宙そのものであると考えていました。銀河の直径は三〇万光年であり、私たちの太陽は銀河の中心から六・五万光年のところにあると、一九一八年から一九年にかけて発表した一連の論文のなかで述べています。

いや、宇宙はもっと大きい、と考える天文学者も多くいて、その一人がリック天文台のヘーバー・カーチスでした。彼は、渦巻き星雲は私たちの銀河の外にある別の天体で、私たちの銀河の中心は太陽である、と主張していました。

シャプレイとカーチスは、一九二〇年四月、ワシントンの全米科学アカデミーで宇宙の大きさをめぐる論争をおこないました。ここでカーチスが取り上げたのが一八八五年にアンドロメダ星雲に出現したアンドロメダSと呼ばれる新星です。その明るさからこの星雲は銀河内の天体とされたが、この新星は一九〇一年に銀河内に出現した新星よりもずっと明るく、本当は非常に遠くにある天体なのではないかと。シャプレイはこの考えを一笑に付しました。もし、アンドロメダ星雲が遠くにある別の銀河であるならば、アンドロメダSはふつうの星の一〇億倍もの明るさであったことになるが、そんなに明るくなる星があるとは思えないと。

この論争は、結局、どちらの勝ちともわからないまま終わりました。しかし、カーチスはたんねんに調査をすることで、アンドロメダ星雲内に出現したほかの新星がずっと暗いことを示し、アンドロメダSが異常に明るかったという証拠を積み上げていきました。

あとになると、シャプレイとカーチスの二人とも、ある面で正しく、ある面でまちがっていたことがわかります。アンドロメダSは超新星で、実際にふつうの星の一〇億倍以上の明るさで輝きました。シャプレイは銀河の直径を三〇万光年としましたが、チリによって星が暗く見えていたことに気づかず、実際の直径一〇万光年の三倍あると計算してしまったのです。しかし、それ以外の点はシャプレイの主張のほうがおおむね正しかったといえるでしょう。

ローウェルの望んだこと

日本に一五年以上も滞在し、『極東の魂』という本を書いたパーシバル・ローウェルは、実業家であると同時にアマチュア天文家でもありました。彼は、火星に生命がいること、海王星の外側に別の惑星があること、渦巻き星雲から星が生まれることを信じていました。これらのことを自ら確かめようと、彼は私財を投じてアリゾナにローウェル天文台を創設しました。火星人がいないことはのちに明らかになりますが、彼の死後一四年たった一九三〇年に、この天文台で働いていたクライド・トンボーが冥王星を発見し、ローウェルの生誕七五周年の年に発表しています。

ローウェルは渦巻き星雲は星が形成されつつある、比較的近くにあるガスの固まりだと信じていました。そこで自分の考えが正しいことを観測によって証明しようと、一九〇一年、大学を卒業したばかりのベスト・スライファーを雇い、これらの星雲のドップラー偏移を調べる仕事を割り振りました。

この天文台の望遠鏡は当時としては性能のよい望遠鏡でしたが、口径が六〇センチメートルと小さく、写真乳剤の質もまだあまりよいものではありませんでした。そのためスライファーは、ひとつの星雲を観測するのに何晩もかけなければなりませんでした。彼は一九一二年にアンドロメダ星雲のスペクトル写真を撮るのに初めて成功し、一四年までにさらに一二個、合計一三個の星雲のドップラー偏移を測定しています。

スライファーが星雲のドップラー偏移を測ることができたのは、いくつかの星雲のスペクトルが星のものと似ており、太陽に見られるのと同じ暗線があったからです。それによってスペクトル線のずれを測り、ドップラー偏移を求めました。彼はその結果を一九一四年に開かれたアメリカ天文学会で初めて発表しています。彼はさらに観測をつづけ、二五年までに四一個の渦巻き星雲のドップラー偏移を測定しましたが、それは当時知られていた四五個の大半を占めていました。そして、そのうちの実に四三個が赤方偏移を示しており、私たちから遠ざかりつつありました。これはローウェルの望んだ結果とはかけ離れたものでした。

銀河系の外へと向けられた目

子供のころから天文学に興味をもっていたものの、ボクシングの選手になったり、まるでちがう分野の勉強をしたり、志願して従軍したりと、かなり遠回りをして天文学者になったのがエドウィン・ハッブルです。彼は三〇歳になった一九一九年、二・五メートル望遠鏡が完成する直前のウィルソン天文台にやってきました（シャプレイはハッブルといれちがうように、一九二一年にボストンのハーバード・カレッジ天文台に移りました）。

二・五メートル望遠鏡を使ってアンドロメダ星雲内の新星を見つけようとしていたハッブルは、一九二三年秋、そのなかにセファイドを二個見つけました。約一カ月というその変光周期から、彼はこの星雲までの距離を九〇万光年と概算しました（現在の値は二二〇万光年）。この値は、シャプレイが出した天の川銀河の直径よりもはるかに大きく、アンドロメダ星雲が天の川銀河の外にあることを示していました。

この発見が可能になったのは、二・五メートル望遠鏡の集光力と、開発されたばかりの高感度の写真乳剤のおかげでした。そして、それによって渦巻き星雲は天の川銀河内の天体か、外の天体かという議論に終止符が打たれたのです。かつてカントが「島宇宙」と呼んだ渦巻き星雲は、彼の考えた通り、別の銀河でした（その後は渦巻き銀河と呼ばれるようになりました。私たちの天の川銀河はほかの銀河と区別して、とくに「銀河系」と呼ばれます）。このときから、天文学者の目は、銀河系の外へと向けられるようになりました。

しかし、以前よりずっとよくなったとはいっても、当時の望遠鏡と技術ではセファイドが観測できる銀河の数は一〇個ほどしかありませんでした。そこでハッブルは、球状星団の明るさをどれもほぼ同じとしたり、銀河の明るさを大ざっぱに仮定する方法などを使って、さらに遠くの銀河の距離を測っていきました。

ハッブルは数十個の銀河のおおよその距離、大きさ、明るさを求めると同時に、それぞれの銀河が銀河系に対してどのような動きをしているか、ドップラー偏移を使って測りました。その大半が赤方偏移を示し、ほとんどの銀河が私たちから遠ざかっていることが明らかになりました（このことは、スライファーの観測結果からすでにわかっていました）。

膨張する宇宙の発見

ひとくちに銀河といっても、形は実にさまざまです。まず大きく分けて三つ。渦巻き形、楕円形、それ以外のすべてである不規則形。渦巻きにも、中央に棒状になった固まりのあるもの、まん丸のもの、楕円形をしたものなどがあり、楕円銀河も球に近いものから平べったいものまでさまざまです。銀河の分類図をつくったのもハッブルでした。多くの銀河を実際に観測していたからこそできたことです。彼は銀河の形が進化とともに変わると考えていたようです。

ハッブルは、自分が測った一九個の銀河までの距離を横軸に、その赤方偏移つまりその銀河の後退速度を縦軸にとったグラフを描いてみました。点が図上にランダムに散らばるかと思い

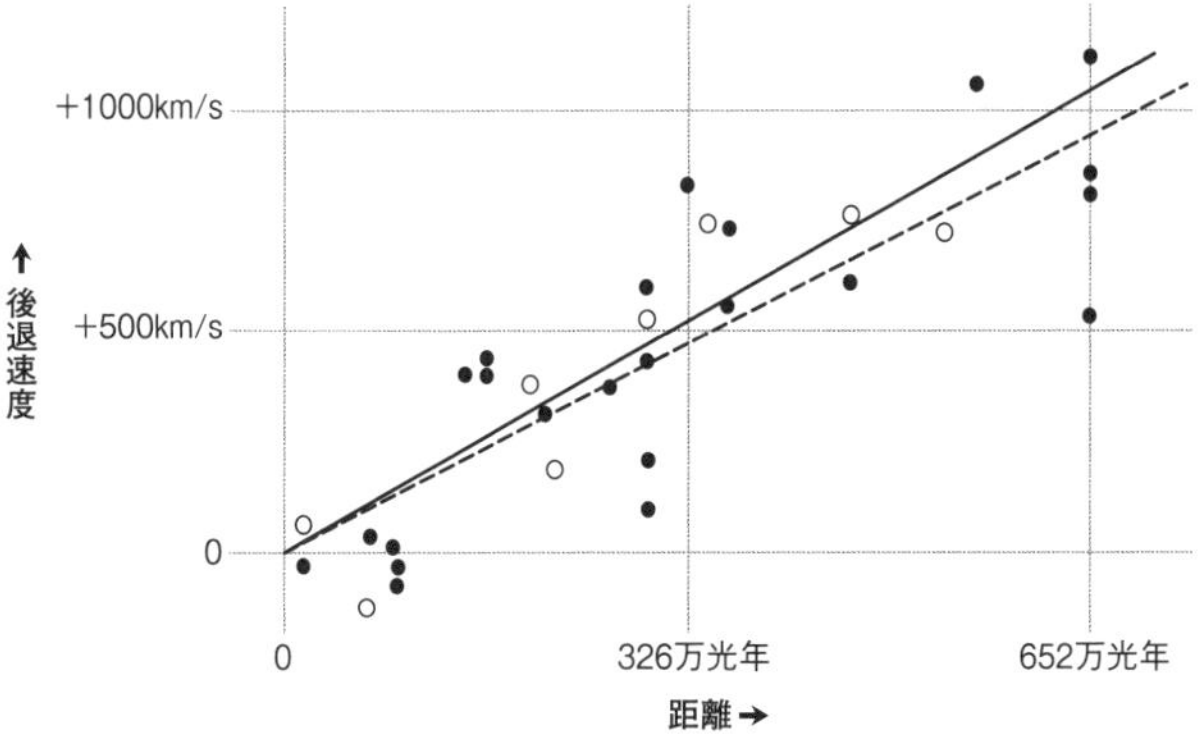

遠くの銀河ほど、その銀河までの距離に比例する、
より速い速度で遠ざかっていることを示す

図19　ハッブル図

きや、ほぼ直線状に並びました。つまり、銀河の距離と後退速度が正比例していたのです。これは、A銀河の倍の距離にあるB銀河が、Aの二倍の速さで遠ざかっているということですが、具体的になにを意味しているのでしょうか。

この図は現在、ハッブル図と呼ばれ（現在のものは距離を縦軸に、後退速度を横軸にとっています）、この関係は「ハッブルの法則」と呼ばれています（ハッブルが概算した銀河までの距離は実際よりもずっと近いものでしたが、すべての銀河までの距離の概算が同じようにまちがっていたので、両者が比例しているという結論は正しくなりました）。

ハッブルはこの結果を一九二九年一月に発表しました。しかし、それがなにを意味しているのか、彼自身はすぐには理解できなかったようです。当時は、大望遠鏡のあるアメリカ西海岸にいるハッブルたち観測家と、ヨーロッパにいるアインシュタインたち理論家のあいだに交流はほとんどなく、観測家は自分たちが発見したものの意味を、正確に把握することができなかったのです（歴史的にみて、宇宙の謎の解明は、観測と理論がうまくかみ合ったときに大きく進展しています）。

ハッブルの法則は、遠くの銀河ほど、その銀河までの距離に比例する、より速い速度で私たちから遠ざかっていることを表わしています（この速度と距離の比を「ハッブル定数」といい、三二六万光年あたりの速度で表わされます）。これは宇宙が膨張していることを意味していました。

宇宙は永遠に変わらない。人々はそう信じてきましたが、その根本を揺るがす大発見がなされたのです。

アインシュタイン、人生最大の汚点

二〇世紀最大の物理学者、現代物理学の父などと呼ばれる物理学界のスーパースター、アインシュタインは独立独歩の人でした。一九〇五年に特殊相対性理論を発表するまではさしたる業績もなく、友人の父のつてでスイス特許庁の三級審査官の職を得るのがやっとというありさま。それでも自分のやりたい学問をこつこつとつづけ、才能を開花させました。

アインシュタインは一九一五年に一般相対性理論を発表し、その二年後の一七年に一般相対性理論の方程式を宇宙に応用してみました。ところが、導かれた解は予想に反したものでした。静止しているとばかり思っていた宇宙が、膨張しているか収縮しているかのどちらかだというのです。当時、天文学者は、星がでたらめに運動していること、新たに生まれたり、暗くなって死んでいく星があることは知っていましたが、基本的には宇宙は変化しない、と考えていました。それまでアインシュタインはまわりからなんといわれようとも自分の意見を変えることはありませんでしたが、天文学者から宇宙は不変といわれ、自分の方程式に欠陥があるのだと考えました。そして、宇宙を静止させるために「宇宙項（ラムダ）」と呼ばれるものを方程式に導入したのです。

それから一二年後の一九二九年、ハッブルの観測結果が発表されました。宇宙が現実に膨張していることを知ったアインシュタインは、「宇宙項」を導入したのは人生最大の汚点だ、といったといわれています。

アインシュタインはふたたび自分の意見を変えたことになりますが、この「宇宙項」、簡単に姿を消すことはなく、その後もいろいろな場面に登場することになります。そして現在では、アインシュタインの人生最大の汚点どころか、人生最大の予言の一つと考えられるようになりつつあります。

二〇世紀前半、私たちの銀河系の外を観測できるほどまで望遠鏡が大きくなり、観測結果を残すための写真技術も向上しました。そして、ほぼ同じころ、物理学の発展によって、観測結果を理論的に説明することが可能になりました。観測と理論が遭遇したことによって、私たちの宇宙の宝探しが飛躍的に進む舞台が整えられたのです。

第五章

宇宙はどこまでわかったか

夜空はなぜ暗いのか

「なぜ夜空は暗いのだろうか」。ふつう、夜空が暗いのは当たり前だと思われていますが、一七世紀以降、多くの天文学者がこの問いを発してきました。夜空が暗いことのいったいなにが問題なのでしょうか。

私たちのまわりに細い針金がポツポツと、無限の彼方まで一定の間隔で立っているとしましょう。針金がどんなに細くても、どんなにまばらに立っていても、はるか彼方まで立っているとすると、その数が針金の細さもまばらさも克服して、そのうち重なりあって見えるようになります。その結果、どの方向を見ても、すきまなく針金が立っているように見えるでしょう。

同様に、宇宙が無限に広がっており、宇宙のなかに星が一定の割合で分布しているとします。星の光の強さは、遠くに行けば行くほど弱まっていきます。しかし、遠くに行けば行くほど星の数も増えていくはずです。弱まる光と増える数、この両者が相殺しあうとしたら、無限に広がる宇宙においては、夜空はどちらを見ても星の光で明るくなるはずです。しかし、現実には夜空は暗い、それはなぜなのでしょうか。

この問いは、一八二三年に人々にこの疑問を強く投げかけたドイツの天文学者オルバースの名前をとって「オルバースのパラドックス（逆説）」と呼ばれています。

この問題は、星が宇宙に散らばっているのではなく、銀河として集団をつくっていることがわかっても解決しません。星のかわりに銀河が無限の彼方まであるとすれば、同じことだからです。では、夜空はなぜ明るく輝いていないのでしょうか。

一九二九年、私たちの宇宙観を根底からくつがえす大発見がありました。アメリカの天文学者エドウィン・ハッブルが銀河を観測していて、ほとんどすべての銀河が私たちの銀河系から遠ざかっていることを発見したのです。それも、遠い銀河ほど速い速度で遠ざかっていました。これは、それまで考えられていたように宇宙が永久に変化しないどころか、宇宙が膨張していることを示していました。宇宙のどの方向を見ても膨張速度が同じことから、宇宙が一様に膨張していることもわかりました。

夜空が暗い理由の一つが明らかになりました。宇宙が膨張していることです。お風呂に水を入れたとしても、水を入れる速度よりも速く風呂桶が大きくなっているのであれば、水がいっぱいになることは永久にないでしょう。どれほど星や銀河があったとしても、すきまがどんどん広がっているのであれば、夜空が明るくなることはないからです。

昨日のなかった日

宇宙が膨張していることを理論的に裏づけたのはアインシュタインでした。一九一七年、一般相対性理論の方程式を宇宙に応用し、宇宙が膨張しているか収縮しているかのどちらかである、という解を得たのです。しかし、その当時は宇宙が膨張していることを示すものがなにもなかったため、彼は自分の方程式に欠陥があると考え、宇宙を静止させるために宇宙項ラムダを導入しました。

アインシュタインとは異なり、彼の方程式が語ることをそのまま受け入れる科学者もいました。アインシュタインが発表したすぐあとに膨張する宇宙について論じたのがオランダの天文学者ウィレム・ド・ジッターです。一九二二年にはロシアの数学者アレクサンドル・フリードマンが一般相対性理論をもとに、膨張あるいは収縮する宇宙モデルを発表しました。高温・高密度の状態から始まって時間とともに薄まっていく宇宙。同じようにして始まるものの、あるところまで膨張したあと、なかにふくまれる物質の重力によって収縮に転じ、ふたたび高温・高密度の状態に戻る宇宙の二つのモデルです。一九二七年には、フリードマンとほぼ同じモデルを、ベルギーの物理学者で牧師でもあったジョルジュ・ルメートルが独自に発表しています。

宇宙が膨張しているということはなにを意味するのだろうか。膨張をつづけた結果、宇宙はどうなってしまうのだろうか。いったいなにが原因で宇宙は膨張を始めたのだろうか。膨張しているということは過去において宇宙はもっと小さかったということだろうか。時間を逆回しにしたら、宇宙はどんな状態になるのだろうか。疑問がつぎからつぎへと湧いてきます。

宇宙の過去について初めて考えたのはルメートルでした。彼は一九三〇年代にこう述べています。時間を十分に過去にさかのぼれば、銀河と銀河のあいだのすきまがなくなり、さらにさかのぼれば、星と星のあいだの空間もなくなってしまうだろう。それ以前においては、原子と原子のすきまもなくなり、原子核と原子核のすきまもなくなるだろう。宇宙のすべての物質が太陽の三〇倍ほどの大きさの濃密なかたまり「原初の原子（宇宙卵）」になったところで、宇宙はこれ以上小さくならなくなる、と。彼はこれが宇宙の始まりの日、「昨日と呼ばれる日のなかった日」だと考えました。

一方、ハッブルは当時得られていた宇宙の膨張速度を逆算することで、銀河がくっついてしまうのにかかる時間を計算してみました。出された結果は一八億年。これは十分に長い時間であるように思えました。しかしその後、岩石にふくまれる放射性元素を使った測定によって、地球の年齢が四〇億年以上であることがわかると、具合の悪いことになりました。宇宙が地球より若いはずはありません。なにかがおかしい。まちがっているのはハッブルたちの観測か、理論家の考えか、それともその両方か。答えを出すには観測も理論も未熟で、宇宙の起源と進化を研究する学問「宇宙論」は、この時点では科学として認められるにはいたりませんでした。

電波天文学の始まり

食べ物や飲み物を温めたりするのに便利な電子レンジが日本で一般向けに売り出されたのは一九六五年のことだそうです。英語では「マイクロ波オーブン」と呼ばれる機械に電子レンジと命名したのは、一九五八年に東海道本線に新設されたビジネス特急こだまに搭載することを決めた国鉄の当時の職員だったとか。現在では家庭の必需品となっている電子レンジですが、使われているのは英語名どおりマイクロ波です。そして、マイクロ波は電波と呼ばれる電磁波のもっとも波長の短い部分をいいます。

地球上で太陽光を浴びながら進化した人間の目は、表面温度六〇〇〇度の太陽がもっとも強く放射する光、可視光しか見ることができません。お肌の大敵である紫外線も、こたつなどで使われる赤外線も、私たちには見えません。しかし、太陽をはじめとするすべての天体が、私たちの目が感度をもたない可視光以外の電磁波（波長の短いガンマ線、X線、紫外線、波長の長い赤外線、電波）を放出していることが、しだいに明らかになってきました。

電波の存在が実験で確かめられたのが一八八八年、電波を使った送受信が初めて行われたのは一九〇一年のことです。これ以後、電波は無線通信やラジオ放送に盛んに利用されるようになりました。一九三〇年代初め、アメリカのベル研究所の技術者カール・ジャンスキーは、無線通信を邪魔する妨害波の研究をしていて、宇宙からやってくる電波があることを発見しました。これが電波を使って宇宙を観測する「電波天文学」という新しい科学分野の幕開けとなりました。

しかし、ジャンスキー自身はまもなく研究をやめてしまい、生まれたばかりの電波天文学はアマチュア観測家のグロート・レーバー一人によって細々とつづけられることになりました。彼は真のパイオニアで、一九三七年に自ら九メートルの電波望遠鏡をつくったのを皮切りに、より大きな望遠鏡をつくりながら、天の川の電波地図を作成し、それぞれの電波源と光学的に観測された天体とを結びつける、という研究をこつこつとつづけました。

第二次世界大戦中、戦時の必要性から、レーダーなど電波を使った研究は飛躍的な発展を遂げました。戦後、戦時中にレーダーの研究をしていた科学者の一部がその知識を天文学へと向けました。彼らによって天文学のいくつかの分野で、新たなページが開かれることになったのです。

膨張しても宇宙は変わらない

ハーマン・ボンディ、トーマス・ゴールド、フレッド・ホイルの三人は、戦時中、イギリス海軍のためにレーダーの研究をしていた仲間でした。彼らは戦後もつきあいがあり、あるときゴールドが「宇宙に始まりがあるというのは本当だろうか」と疑問を投げかけました。宇宙が膨張していくるにしても、宇宙のなかでつねにつくられている物質が、膨張によって生じるすきまを埋めているとは考えられないだろうか、と。

すぐれた数学者であったボンディが計算してみたところ、この考えがまんざら悪いものではないことがわかりました。宇宙の密度を一定にするためには、一立方キロメートルあたりにして、一兆年に一グラムというごく少量の物質をつくればよかったからです。ホイルはこの計算をもとに、アインシュタインの一般相対性理論の方程式にCで表わされる「創生」項をつけ加え、彼らの理論を重力理論と結びつけました。

検出できないくらいの非常にゆっくりとした速さで新しい物質が絶え間なくつくりだされているので、宇宙が膨張しても物質の密度は一定のまま変化しない、という彼らの主張は「定常理論」と呼ばれています。この理論に従えば、宇宙の空間と時間について特別に考える必要はなくなります。後退速度はつねに一定で、宇宙にある銀河がつくられた年代はそれぞれ異なりますが、基本的に宇宙は変化しないからです。

一九四八年に発表された定常理論は、当時知られていた事実となにひとつ矛盾していませんでした。そして、多くの人にとって宇宙に始まりがあったと考えるより、ずっと受け入れやすいものでした。

宇宙は大爆発で始まった

身長一九四センチ、金髪、カナリアのように甲高い声、極度の近眼、ひどいロシアなまりの英語、絵を描くのがうまく、ユーモアたっぷり、あらゆることに興味をもちインスピレーションを働かせるのが得意。さて、どんな人物を思い浮かべるでしょうか。これは、ロシアで宇宙の膨張・収縮モデルを考えたフリードマンの学生で、のちに西側に亡命、一九三四年にアメリカ、ワシントンのジョージタウン大学で職を得たジョージ・ガモフのプロフィールです。彼は、定常理論が発表されたのと同じ一九四八年に、それとはまったく異なる、宇宙は大爆発で始まったとする「ビッグバン理論」を提唱しました。

宇宙は太陽の三〇倍ほどの原初の原子から始まった、とルメートルは予想しました。ガモフは、宇宙はそれよりもずっとエネルギーに満ちあふれた、超高温・超高密度の中性子ガスの状態から爆発的に始まったと考え、一九四六年、学生のラルフ・アルファとともに研究に取り組みました。彼の目的は、私たちの身のまわりにある元素がどこでつくられたかを示すことでした。彼は宇宙誕生のときの大爆発の混乱のなかですべての元素がつくられたと考えたのです。アルファはこの中性子ガスに、世界が誕生する以前の混沌とした状態をさすのに古代ギリシア人が使った言葉「イーレム」と名づけました。

イーレムは爆発後急速に冷え、二秒後に元素がつくられ始め、その後ぞくぞくとすべての元素がつくられた、とガモフたちは論文のなかで述べています。しかし、この理論では全体の九九パーセント以上を占める水素とヘリウムなどの軽元素をつくることはできましたが、それより重い元素がつくれないことがまもなく明らかになり、もう一つ決め手に欠けるものとなってしまいました。

重い元素をつくることには失敗したものの、彼らは一九五〇年代初めに書いた論文のなかで、重大な予測をしました。もし、高温・高密度の状態から宇宙が爆発的に誕生し、その後膨張をつづけているとしたら、宇宙が熱かったときのなごりの黒体放射がいまも宇宙を満たしており、宇宙のあらゆる方向からやってきて背景放射となっている、というのです。彼らが予測した放射の温度は絶対温度で五度（五K、摂氏マイナス二六八度）、マイクロ波でなければ観測できないものでした。この予測はだれの注意も引きませんでした。観測しようにもこの放射を検出できる装置がなかったからです。

一〇年以上ものあいだ、ビッグバン理論と定常理論はそれぞれを信じる学者が自らの主張をするだけの状況がつづきました。どちらの理論もそれを裏づける観測がなかったのですからしかたありません。しかし、始まりがなかったとする考えを心情的に好む人が多かったようです（ハッブルやアインシュタインもそうだったとか）。そして、ガモフたちの予測も忘れ去られてしまいました。

星のようで星ではない

レーダー研究から転身した天文学者たちは、宇宙の電波源の探査を大々的に始めました。その中心となったのがイギリス、ケンブリッジ大学のマーティン・ライルです。彼らは一九五〇年代から七〇年代にかけて、五つの電波源リスト、ケンブリッジ・カタログを編集しました。そのなかでも天文学者の興味を引いたのが、正体不明の電波源を数百個集め、一九五九年に発表された第三カタログです。多くの天文学者がこのなかに掲載された電波源と、光学的に観測された天体とを結びつけようとしました。

一九六〇年、カリフォルニア工科大学(カリテク)の電波天文学者トーマス・マシューズは、このカタログに載っている電波源の位置をより正確に知りたいと考え、同僚の天文学者アラン・サンデージに3C48(第三カタログの四八番目の電波源という意味)のおよその位置を伝えました。サンデージが五メートルの望遠鏡を使ってそのあたりの写真を撮りましたが、銀河であろうという予想に反して、その位置にあったのは一六等級の青い星でした。しかも、そのスペクトルは今まで見たこともない奇妙なものでした。

彼らはつづいていくつかの電波源の写真を撮りましたが、そのどれもが理解できないスペクトルをもった、星のような点状の天体でした。恒星のようで恒星ではない、というニュアンスで、これらの天体は「準恒星状天体」と呼ばれるようになりましたが、正体はまったくわからないままでした。

一九六二年、オランダ出身のカリテクの天文学者マーテン・シュミットも五メートル望遠鏡を使って3C286を観測しましたが、やはりスペクトルは謎でした。一二月、今度は3C273を観測しましたが、この点状の天体のスペクトルも同様に意味不明でした。しかし、スペクトル線を眺めているうちに、特徴のある明るい六本の線が、ひょっとしたら水素の線ではないかという考えがひらめいたといいます。調べてみると、それぞれの線の間隔がぴたりと一致しました。しかし、問題はその位置で、所定の位置からはるかに赤い方にずれていたのです。それまで天文学者はこれらの天体は星だと頭から信じていたため、スペクトル線が大きく赤方偏移しているとは思ってもみませんでした。

新たな目でこれらの天体を調べなおしたところ、3C273は光速の一六パーセントの速さで、3C48は光速の約三分の一の速さで私たちから遠ざかっていることがわかりました。これは、二つの天体がそれぞれ私たちから約二二億光年と約四五億光年の距離にあることを意味しています（それほど遠くにある天体がなぜ明るい星のように見えるのかについて、その後、長く議論されることになりました）。これらの天体は、現在、「準恒星状天体」の英語読みを略して「クエーサー」と呼ばれています。

遠方でしか発見されないクエーサーは定常理論にとって好ましくない天体でした。もし宇宙がいつも変わらないというのであれば、近くにもなければなりません。ところが、クエーサーの数は遠くに行けば行くほど多くなっていったのです。

ビッグバン理論の裏づけ

宇宙の膨張を発見したハッブルもそうでしたが、観測家は自分の観測したものがなにを意味しているのか、すぐには理解できないことがあるようです。ましてや、全然別のことをしていて、偶然なにかが網に引っかかった場合、それがなにかわからなかったとしても無理のないことでしょう。

ジャンスキーが宇宙からくる電波を見つけたのと同じベル研究所で、一九六四年、二人の科学者が自分たちのとらえた約三Kの放射がいったいなんなのか、頭を悩ましていました。アルノ・ペンジアスとロバート・ウィルソンは、将来の通信開発計画の妨げとなるような、衛星通信用アンテナの電波「雑音」を突き止める仕事をしていました。ひとつずつ雑音源を特定していったのですが、最後にあらゆる方向からやってくる、どうしても説明のつかない放射が残りました。お手上げとなった彼らは、友人の助言にしたがって、約五〇キロメートル離れたところにあるプリンストン大学のロバート・ディッケに意見を求めました。

そのころディッケは、膨張と収縮をくり返す脈動宇宙のモデルに興味をもち、研究をしていました。「なかに含まれる物質の重力で宇宙は収縮し、超高密度な火の玉となり、すべての重元素は分解する。その後、この宇宙ははね返って膨張を始めるが、初期の高温のなごりである黒体放射がいまも残っている」という宇宙モデルです。彼とその同僚はガモフたちの研究を知らずに、独自に同じような考えにたどりつきました。一九六四年、この放射の温度は約一〇Kと計算した彼らは、それを発見するためにアンテナの建設を始めたところでした。そこにペンジアスたちからの連絡が入りました。

ペンジアスとウィルソンが発見したのは、彼らが想像もしなかったビッグバンのなごりの放射でした（皮肉なことに、ウィルソンは定常理論を信じていたそうです）。彼らとディッケのグループはそれぞれ論文を書いて発表しましたが、そのなかでガモフたちの研究については何も触れませんでした。それに対してガモフたちは抗議をしたそうです（のちにこの研究は一九七八年のノーベル物理学賞の対象となりましたが、ガモフがすでに死亡していたせいもあってか、受賞したのはペンジアスとウィルソンの二人でした）。ビッグバン理論の原型を考えた一人ルメートルは、死ぬ一カ月ほど前にこの放射の発見を聞いたそうです。

宇宙背景放射の発見は、ビッグバン理論を裏づけるものとなりました。そして、宇宙論は科学として新しい段階に入ることになったのです。多くの天文学者が、長期にわたって営々と積み上げてきた観測結果や技術が、本格的に花開く段階に入りました。

銀河、銀河団、超銀河団

豪華絢爛《けんらん》だった冬の夜空とは対照的に、春は明るい星が少なく、ちょっぴりさびしい感じがします。しかし、天文学者にとっては最高の季節です。天の川が地平線あたりにあって、夜空全体が暗いおかげで、銀河系の外、遠くの銀河を観測したり、宇宙を奥深くまで探査するのにぴったりだからです。この時期を天文学者は「ダークタイム（暗い時期）」と呼んでいます。

ハッブルは、銀河は一様に分布している、と考えていました。しかし、観測が進むにつれて、宇宙全体に銀河が分布しているものの、星が集まって星団をつくるように、銀河も集まって銀河団を形成していることがわかってきました。たとえば、私たちの銀河系は、アンドロメダ銀河や大小マゼラン雲など近くの三〇個ほどの銀河とともに「局所銀河群」と呼ばれる銀河団を形成しています。銀河団はふつう一〇〇個くらいの銀河で構成されることが多いので、局所銀河群は銀河団としては小さなものです。

銀河の集合は銀河団にとどまらないこともわかってきました。さらに数千個の銀河団が集まって「超銀河団」を形成していたのです。私たちの局所銀河群は半径が一億光年もあるおとめ座超銀河団の一員です（銀河団や超銀河団はそれが属する星座の名で呼ばれます）。ほかにも、かみのけ座超銀河団やヘルクレス座超銀河団など、多くの超銀河団が見つかっていますが、それぞれの超銀河団の中心には銀河数百個分にも相当するような巨大銀河があると考えられています。

家族、村、町、都市、国家、EUのような国家の集合体と、構成する人の数が多くなるにつれて組織が大きくなっていくように、宇宙のなかにも似たような階層構造が存在しています。星、星団、銀河、銀河団、超銀河団。しかし、その上の超超銀河団は存在していません。重力によって結びつけるには大きくなりすぎてしまい、まとめることができないからです。でも、宇宙の果てに近いところでは、超銀河団が次から次へと連なっているのが観測されています。

宇宙に階層構造があることは驚きでしたが、望遠鏡が数多く建設され、検出器の性能が上がってきた一九八〇年代になると、さらなる驚きが次々と明らかにされていきました。

宇宙の地図は穴だらけ

洗濯をしたり、流しで洗剤を使って食器を洗ったりしていると、モワモワと多くの泡がくっつきあった状態になることがあります。洗剤の泡にも似た、泡と泡がくっついたような泡構造が宇宙でも発見されました。

かみのけ座超銀河団が一九七八年に発見されたとき、そのまわりに銀河があまりない領域があることもわかりました。宇宙には銀河の希薄な領域があるらしいことに気づいたものの、それほど広範囲なものではないだろう、と天文学者は考えました。

ところがです。ロバート・カーシュナーたちがうしかい座の方向を三カ所、狭い領域ではあるものの一五億光年先までのぞきこんだところ、とんでもないことがわかりました。観測した二八〇個の銀河を距離にしたがって並べてみたら、本来なら一番多く銀河があると思われる七・五億光年から一一億光年のあいだに、ほとんど銀河が見つからなかったのです。その距離三・五億光年。これは私たちの銀河系が一〇億個も入るような巨大なものです。銀河団や超銀河団のような銀河の集団はあるものの、大きな目で見れば銀河は宇宙空間に一様に分布している、というそれまでの常識がくつがえってしまいました。宇宙に大穴があいていたのです（この穴のことを「ボイド」といいます）。この結果は一九八一年に発表されました。

宇宙に穴などあいていいるわけないじゃないの。そう考えたのが、ちょうどある明るさ以上の銀河の分布を、当時としては広い範囲で調べようとしていたマーガレット・ゲラーたちです。一九八六年、彼女たちはまず一一〇〇個の銀河の分布を図にしてみました。穴が存在していないことを証明するつもりだった彼女たちでしたが、描かれた図は穴の存在を証明するものでした。巨大なボイドを取り囲むようにして銀河がひしめきあっていたのです。それは、表面に銀河をつけた、泡どうしがくっつきあっているかのようでした（洗剤の泡のよう、と表現したの

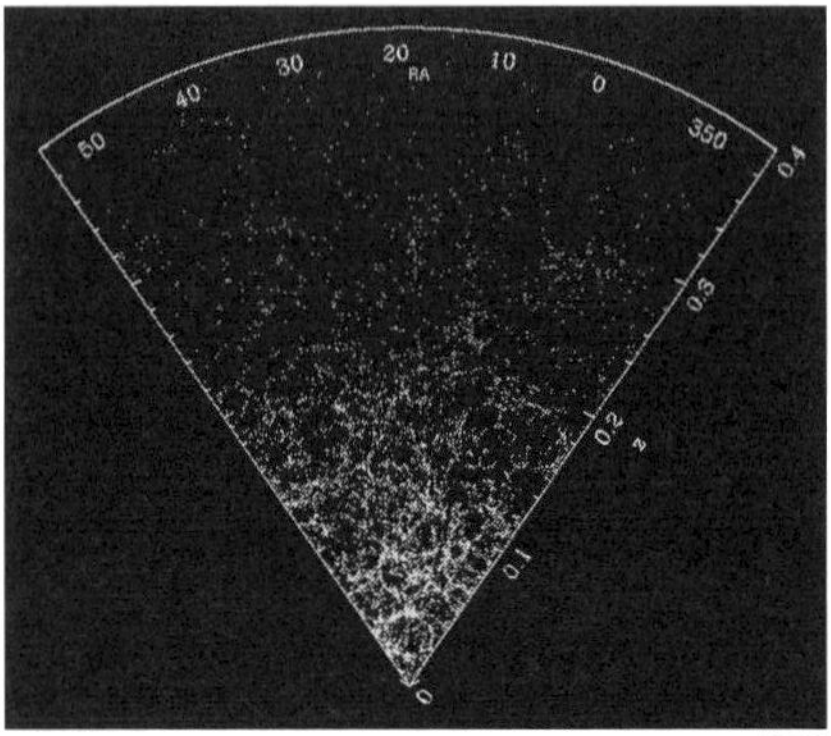

SDSS

白い小さな点が銀河。宇宙には銀河が存在しない
領域（ボイド）があり、泡構造をつくっている

図20　宇宙の大規模構造

はゲラー）。

ゲラーたちはその後も観測をつづけ、約四〇〇〇個の銀河の分布図を完成させました。そして泡がつながったように見える部分の長さが、少なくとも五億光年あり（その先は観測していないのでさらにつづいているかどうかはわかりません）、その高さが二億光年、厚みが一五〇〇万光年であることを一九八九年末に発表しました。この巨大な構造は、だれいうともなく「グレートウォール（万里の長城）」と呼ばれるようになりました。ボイドやグレートウォールのような宇宙で見られる巨大な構造を「宇宙の大規模構造」といいます。

ゲラーたちの調査は限定的なものでしたが、一九九八年から二〇〇五年まで、全天の四分の一を対象とした、大規模な宇宙の地図づくりがおこなわれました（スローン・デジタル・スカイ・サーベイ、SDSS）。最終的に約二億個の銀河を観測することでつくられた地図は、宇宙の泡構造、大規模構造を裏づけるものとなりました。泡構造は八〇億光年先までつながっていることが確認されています。しかし、これほどの構造がどのようにしてつくられたのか、いまだ解明にはいたっていません。

宇宙の年齢とハッブル定数

ここに一センチメートル間隔にしるしをつけたゴムひもがあるとしましょう。このひもの両端をもって倍の長さまで引っ張ったら、しるしの位置はどうなるでしょうか。となりのしるしまでの距離は二センチメートルに、その次のしるしは四センチメートルに、さらに次のしるしは六センチメートルになるでしょう。となりのしるしは一センチメートル、次のしるしは二センチメートル、その次は三センチメートルと、遠くのしるしほど動いた距離が長くなったことになります。

宇宙が膨張すると同じことが起こります。宇宙の膨張は伸びていくゴムひもに、銀河はそれにつけられたしるしに相当します。近くの銀河は宇宙が膨張してもそれほど遠くにいきませんが、遠くにある銀河ほどものすごい勢いで私たちから遠ざかっていきます。ハッブルは一九二九年に、銀河がどれくらいの速度で遠ざかっているか（後退速度）は、銀河までの距離に正比例していることを示しました。その比例定数を「ハッブル定数」といい、この値がわかればそれを逆算することで、すべてが一点に集まるとき（宇宙の始まり）までの時間（宇宙の年齢）がわかると考えられています。

宇宙の年齢を知るには、一メガパーセク（約三二六万光年）ごとに秒速どれくらいの速さで銀河が遠ざかっているかを示すハッブル定数の値を求めることが不可欠です。銀河の後退速度は、その銀河のスペクトル線がどれくらい赤方偏移しているかから求めることができます。問題は銀河までの距離です。セファイド型変光星を使うなど、距離の測定方法はいくつかあるのですが、なにしろ相手が広い宇宙のため、正確な値を出すのはなかなかむずかしい、というのが実情です。

話をむずかしくしているもう一つの要素は銀河の分布です。近くに大きな銀河団のような巨大重力源がある場合、銀河はその重力に引かれて、必ずしも宇宙の膨張どおりの動きをしない可能性があります。あれやこれや、考慮しなければならないことが多く、また観測結果が観測グループによって異なるなど、なかなか多くの学者が納得するようなハッブル定数の値を求めることができませんでした。

最近では、大型望遠鏡やＷＭＡＰ衛星による観測などによって、ハッブル定数の値は七三前後、宇宙の年齢は約一三七億年ということで、多くの天文学者の意見が一致しています。

行方不明の物質

世の中には天才と呼ばれるにふさわしい人がけっこういます。銀河や銀河団の研究、超新星の研究など、今日の宇宙論のさきがけとなる多くの研究をだれよりも早くおこなったフリッツ・ツビッキーもまた、独創的で鋭い洞察力をもった天才でした。しかし、喧嘩っ早く、ハッブルほか能力のある人たちに嫉妬し、彼らの悪口をいってまわったりしたためか、ほかの学者は彼のいうことを、さわらぬ神にたたりなしとばかりに取り上げようとはしませんでした。

一九三三年、ツビッキーはかみのけ座銀河団の観測をしていて、なかにふくまれる銀河の運動エネルギーの平均を測定すれば、この銀河団のおおよその質量が計算できることに気づきました。さっそく計算してみたのですが、得られた質量は目に見える銀河団の質量（星やガスなど）の約一〇倍もありました。この見えない質量はいったいどこにあるのだろうか、ツビッキーはそれを「行方不明の物質」と呼びました。そのころ、ほかの銀河団を観測していた天文学者が、そこでも質量不足を見つけていました。

ツビッキーの人となりのせいだけではなく、まだ観測技術が劣っているので見つからないのだろうということで、見えない物質についてだれも関心を示しませんでした。しかし、その一年前に銀河以外のところでも質量不足が見つかっていました。オランダの天文学者ヤン・オールトが、私たちの銀河円盤の星の運動を観測していて、見えている物質だけではその運動を説明できないことに気づいたのです。少なくとも倍の物質が必要でした。

一九七〇年代、六〇個以上の渦巻き銀河の回転速度を測定したベラ・ルービンは、見えている以上の物質がなければ、その速度が説明できないことを発見しました。太陽系の場合、太陽に太陽系の質量の大半が集中しているため、遠くの惑星ほど太陽のまわりを回る速度が遅くなります。銀河中心のまわりを回っている星は、もし質量が中心に集中しているのであれば、太陽系の場合と同様、中心から遠い星ほどその速度が遅くなるはずです。ところが、星が中心の近くにあろうが遠くにあろうが、その速度にほとんどちがいがありませんでした。これは銀河のまわりを見えない物質が取り巻いているためだと考えられました。ルービンは、渦巻き銀河のなかには、見える物質の五倍から一〇倍の質量があると計算しています。

つまり、銀河のなか、銀河そのもの、銀河団と、宇宙のどこを見ても質量のたりないところだらけなのです。観測装置がよくなっても、観測技術が進んでも、見えない物質が見えるようになることはありませんでした。どんなに頑張っても、見える物質はあると思われる質量の一割以下なのです。残りの見えない物質は「ダークマター（暗黒物質）」と呼ばれています。燃え尽き冷え切った星の残骸とか、ブラックホールとか、まだ発見されていない素粒子とか、いろいろな意見がありますが、現在のところ暗黒物質の正体については不明のままです。

銀河中心にひそむブラックホール

ブラックホールという言葉には人をひきつけるものがあるようです。重力が強すぎて光さえ出てくることのできない天体、まわりにあるものをなにもかも吸い込んでしまう天体。そのなかがどうなっているのかも興味のあるところです。質量の非常に大きな星が進化のはてに残すブラックホールはそれほど大きなものではありませんが、宇宙には巨大なブラックホールも存在することがわかっています。

ブラックホールに近づくのは危険です。しかし、その重力の及ぶ範囲に入らなければ安泰で、吸い込まれることはありません。が、一歩でもその範囲に入れば、容赦なく引きつけられ、バラバラにされ、最終的には吸い込まれてしまうでしょう。風呂桶のなかの水が、栓を抜くと渦巻き状になりながらある速さで流れていくように、ブラックホールのまわりの物質も円盤状に渦巻きをつくりながら、ブラックホールに吸い込まれていきます。そのとき、物質と物質がこすれあい、摩擦熱によって膨大なエネルギーを生成するために、ブラックホールの周辺から強い電磁波が発せられると考えられています。

一九六〇年代前半、クェーサーが発見されました（158ページ）。宇宙のはるか彼方にあるにもかかわらず、点状に明るく輝くこの天体がなにものであるのか、さまざまな議論がかわされました。

星は原子核が核融合するときに出されるエネルギーで輝いているので、クエーサーは質量が太陽の一億倍もあるような巨大星ではないか、と考えられました。しかし、そのような星は自分の重みであっというまにつぶれてしまい、長期間存在することができません。その上、クエーサーが放射しているエネルギーは、核融合によって放出されるエネルギーの何十倍にも相当します。私たちが知っているどんな燃料を使ったとしても、これだけのエネルギーを説明できないのです。説明できるかもしれない答えとして浮上してきたのが、大量の物質が円盤状にまわりを取り巻いている巨大ブラックホールでした。

近年になって、大望遠鏡で一部のクエーサーをよくよく観測してみたところ、うっすらとまわりを囲む銀河のようなものが見えることがわかりました。銀河中心に巨大なブラックホールがあって、まわりの物質を吸い込んで明るく輝いているため、外側の部分がかすんで見えなくなっているようなのです。これがすべてのクエーサーにあてはまるかどうかはわかりません。

おとめ座Aのように、強力な電波を放出している電波銀河の場合も、そのエネルギー源は中心にあるブラックホールではないかと考えられています。また、私たちの銀河をはじめとする多くの銀河の中心には、ブラックホールが存在しているといわれています。

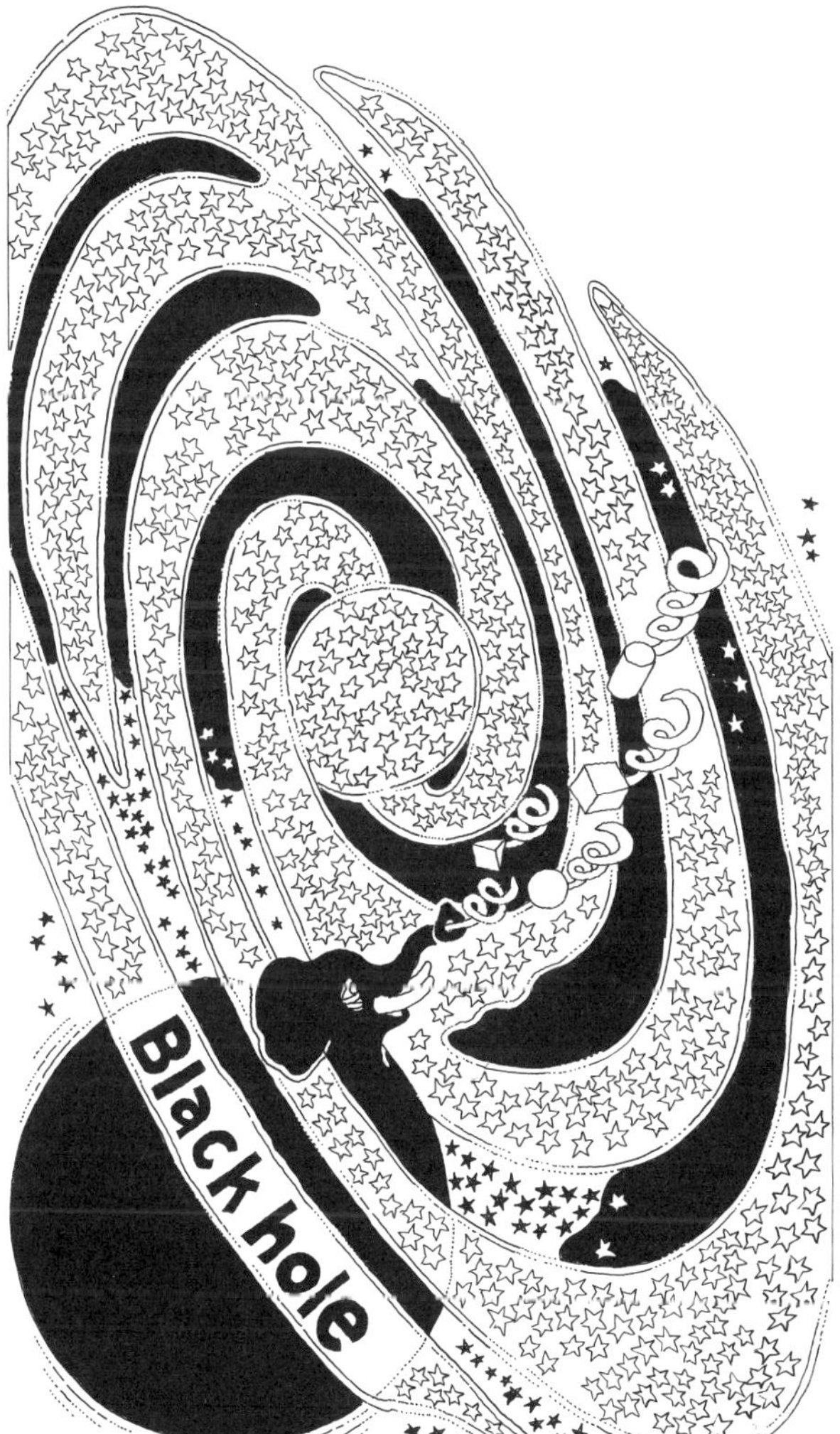
Black hole

宇宙に蜃気楼現わる

一九七九年、アリゾナ大学の天文学者がおおぐま座のなかでクエーサーを二つ発見しました。どちらも地球からの距離がおよそ五〇億光年で、たがいに非常に近くにあるばかりでなく、さまざまな特徴がピタリと一致していました。双子の天体かとも思われたのですが、天体の進化は固有のものなので、何もかも同じになることは考えられません。とすれば、一方がもう一方の蜃気楼《しんきろう》、あるいは両方が別の天体の蜃気楼ということなのだろうか、しかし宇宙に蜃気楼などというものがあるのだろうか、天文学者は悩みました。

一九一五年、アインシュタインは重力の理論である一般相対性理論を発表し、この理論をテストする方法を三つ提示しました。その一つが太陽のうしろにある星の光が、太陽の縁をかすめて地球に届くさい、太陽の重力によってその道筋が曲げられる、というものでした。一九一九年の皆既日食のさいに実際にこの現象が観測されたことから、一般相対性理論は学者たちに受け入れられるようになりました。

一九三六年、アインシュタインはさらに新たな予測をおこないました。「異なった距離にある二つの星が、私たちから見てピタリと重なるように並ぶと、遠くにある星の像がリングを形成する」。後ろの星の光が前の星の重力によって曲げられ、あたかもリングのように見えるというのです。リング状の天体が実際に存在するわけではないので、これは幻影、蜃気楼のよう

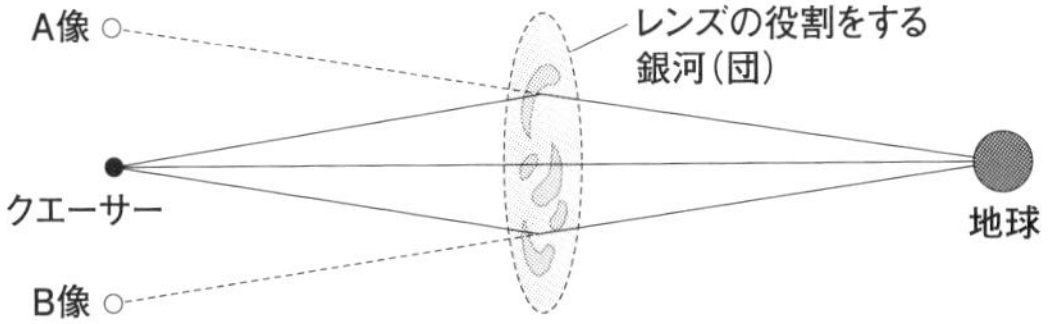

銀河・銀河団の周囲の空間は重力によってゆがめられている。それがレンズの働きをして、クエーサーからの光が曲げられ、クエーサーが二重に見える

図21　重力レンズ効果

なものだといっていいでしょう。

予測はしたものの、アインシュタイン自身は点状の二つの星が重なり、リングが形成されるのを実際に観測できるとは思っていなかったようです。いや、星は無理かもしれないが、銀河サイズの天体であればこの現象が観測できるかもしれない、そう予測したのがツビッキーでした。でも、だれも信じませんでした。

ブラックホールや銀河、銀河団のように質量の大きな天体の周囲の空間は、星とは比べものにならないほど、その天体の重力によってゆがめられています。はるかかなたにある天体と地球のあいだにそのような重力源があれば、本来なら別の方向に行くはずの光が曲げられて地球に届くということもありえます。この現象は、光がレンズを通したときのように重力によって曲げられるということから「重力レンズ（効果）」と呼ばれています。

二つの天体がきれいに並べばアインシュタインの予測どおり

リングとなるでしょう（アインシュタインのリングと呼ばれます）。少しずれている場合には、その位置関係によってゆがんだり、多重になったり、拡大されたりすることになります。

実際にはありえないと思われた宇宙の蜃気楼がおおぐま座で発見されたのです。その後、アーク（円弧）状になったもの、リング状になったもの、像が四つできて四つ葉のように見えるものなどが見つかっただけでなく、銀河団のまわりにクモの巣のように数多くのアークが見えるものまで、たくさんの重力レンズ像が見つかっています。

現在、重力レンズ像は情報の宝庫だと考えられています。もとの天体、レンズの役割を果たした天体の情報はもちろんのこと、さらに宇宙の大きさ、年齢、構造などについても情報を得られるからです（解析は簡単ではありませんが）。遠くて本来ならよく見えない銀河が、レンズによって拡大されたおかげで情報が得られた、といったことも実際にありました。

むかし五メートル、いま二〇センチ

二〇世紀前半、ハッブルたちがほかの銀河の観測をし、そのスペクトルをとるのに一晩ではたらずに、何晩もかかることがありました。ところが、ＳＤＳＳでは七年間に二億個もの銀河の観測をしています。これが可能になったのには理由があります。

一九四九年に口径が五メートルのヘール望遠鏡が完成し、これ以上大きな望遠鏡をつくるのには技術的、物理的に無理なところに到達しました。それまでは、望遠鏡が大きくなるたび、写真技術に向上がみられるたびに、より遠くの、よりかすかな天体の光をとらえられるようになりました。しかし、さらに遠くの天体の光を観測するには、長時間の露出をするしかありません。これでは観測できる天体の数は物理的に限られてしまいます。望遠鏡というハード面での限界を補ったのがエレクトロニクス技術の進歩です。

まず一九六〇年代初めに望遠鏡にとりつけられたのが電子撮像装置である像増倍管です。この装置は入ってくる光を大きく増幅することができ、その結果、露出に必要とされる時間はそれまでの一〇分の一以下となりました。

つぎの進歩はコンピュータ・マイクロチップ技術の革新によってもたらされました。一九七〇年代前半、この技術によって開発されたデジタル検出器が、写真乾板にかわる新たな記録装置として望遠鏡に取りつけられたのです。この検出器は入ってきた天体からの光を電気信号に変換し、そのデータはコンピュータ内に記録・貯蔵されます。写真乾板の場合、一度撮影されたあとはそのデータに手を入れることはできませんが、コンピュータ内のデータは容易に操作することができます。たとえば、遠くの天体の光に近くの星の光が混入していたとしても、近くの星の光の分だけ差し引いて、遠くの天体の鮮明な画像を取り出すことが可能になったのです。

一九七五年には、コンピュータのための新しい集積回路として開発されたCCD（電荷結合素子）が天文学に導入されました。初期においては感度が悪く、ノイズも多く、サイズも小さかったのですが、技術の向上とともに欠点が改善され、大きなものもつくれるようになりました。その結果、ハッブルの時代に観測可能であった天体の一〇〇〇分の一以下の明るさしかないものでも、容易に観測できるようになったのです。これは、より暗い天体が観測できるということと同時に、かつては五メートル望遠鏡を使わなくてはできなかった観測が、いまでは口径二〇センチメートルの望遠鏡でもできるということを意味しています。

さらに、一九八〇年代には一台の望遠鏡で、一度に何百という銀河を観測する方法さえ開発されました。SDSSでは、専用望遠鏡と大きなCCDチップをこの方法とともに使い観測をおこなった結果、二億個もの銀河が観測可能になったのです。

もっと光を、新世代の望遠鏡

エレクトロニクス技術の進歩で観測できる天体が飛躍的に増えました。しかし、どんなに技術が進歩しても、天体からやってくる光をとらえられなければ、観測をすることは不可能です。より遠くのより暗い天体からの光をとらえるには、もはや口径五メートルではたりないところまできました。一九八〇年代以降、新たな方法で大望遠鏡の製作が進められました。

問題は鏡をどうつくるかでした。五メートルの鏡でさえ土台となるガラスの重さは、削りに削ったあとでも一五トンもあります（厚みは六〇センチメートル）。目標とする八メートル以上のものを同じ方法でつくったら、とても支えきれませんし、そもそもつくることができません。そこで、一・八メートルの六角形の鏡を三六枚モザイクのように組み合わせて一〇メートルにする方法（アメリカのケック望遠鏡）や、二〇センチメートルほどの厚みのガラスを制御棒で支えることでつねに完璧な鏡面を保つ方法（日本のすばる、ヨーロッパのVLT、アメリカのジェミニなど）が考えられました。すばるの口径は八・二メートルあり、一枚鏡としては世界最大のものです。今後、たとえ技術が進んだとしても、これ以上大きなものは、物理的につくれないといわれています。

これらの望遠鏡は、夜間の晴天率が高く、空気が澄んでいて、大気にふくまれる水蒸気が少なく、近くに人工の明かりを発するもののない場所を選んで建設されました。その場所とは、ハワイのマウナケア山頂（標高四二〇〇メートル）と、草も生えないほど乾燥した南米チリの砂漠地帯で、ともに人間が住むには不向きな自然環境の厳しいところです。

一九九〇年代以降に建設された新世代望遠鏡には、鏡面を完璧に保つための装置だけでなく、大気の乱れを測定してそれを自動補正する装置（補償光学装置）や、望遠鏡のまわりの大気の乱れを防ぐために工夫をこらしたドームなど、最先端技術の数々が詰め込まれています。また、

ＶＬＴは同じ場所に四基建設され、互いをケーブルで結ぶことによって、干渉計として使うことも可能です（口径一三〇メートルに相当する分解能が得られるといわれています）。今後は、ケック望遠鏡のようなモザイク鏡による、さらに大きな望遠鏡が計画されています。

宇宙からの天体観測

新世代望遠鏡ができたとしても、地上から観測している場合、どうしても避けられない問題があります。地球の大気のゆらぎです。肉眼で見ている分には、星のまたたきも悪いものではありませんが、精密な観測をするには致命的といってよいでしょう。新世代望遠鏡はできるだけ大気の安定した場所を選んで建設され、大気のゆれを補正する装置もつけられていますが、大気のゆれを完全に消すことはできません。天文学者の長年の夢は大気を無視できる場所、大気の上、宇宙に望遠鏡を置くことでした。

宇宙に望遠鏡をもっていくためには、さまざまな条件をクリアしなければならず、実現するまでに長い年月がかかりました。一九九〇年、宇宙の膨張を発見したエドウィン・ハッブルの名がつけられた「ハッブル宇宙望遠鏡（ＨＳＴ）」が打ち上げられました。打ち上げられたばかりのころは不具合があって思うような観測ができないということもありましたが、スペースシャトルに搭乗した宇宙飛行士によって修理・維持・装置の交換などが五回行われ、そのたびに最新装置をつけた望遠鏡へと進化して、宇宙の謎の解明などに大活躍しています。また、HSTが撮影した数々の美しい天体写真は、一般の人にもすっかりおなじみになっています。

宇宙からでなければ観測できない天体もあります。地球の大気は、生命にとって致命的ともいえる短い波長の電磁波、ガンマ線、X線、紫外線の多くをブロックして、私たちを守ってくれています。しかし、逆にいえば、これらの電磁波による観測は地上からはできないということです。また、大気に含まれる水蒸気は赤外線の多くを吸収してしまいます。可視光と電波以外の波長での観測をするには、各波長に特化した天文衛星が必要となるのです。

日米欧は、互いに競争と協調の理念で、ガンマ線、X線、紫外線、赤外線の各衛星を打ち上げ、宇宙の謎、各天体の素顔に迫っています。日本はX線天文衛星をコンスタントに打ち上げ、X線観測の分野で主導的な地位を確立しているだけでなく、赤外線衛星による全天探査など、ほかの波長でも知識の拡大に大きな貢献をしています。

宇宙の始まりに迫る

一九九〇年一月、宇宙からの観測によって、宇宙の始まりに関する論争に決着がつきました。宇宙はビッグバンと呼ばれる大爆発によって始まった、というビッグバン理論が、「宇宙背景放射探査衛星COBE」によって証明されたのです。一九六四年に宇宙背景放射が発見されて

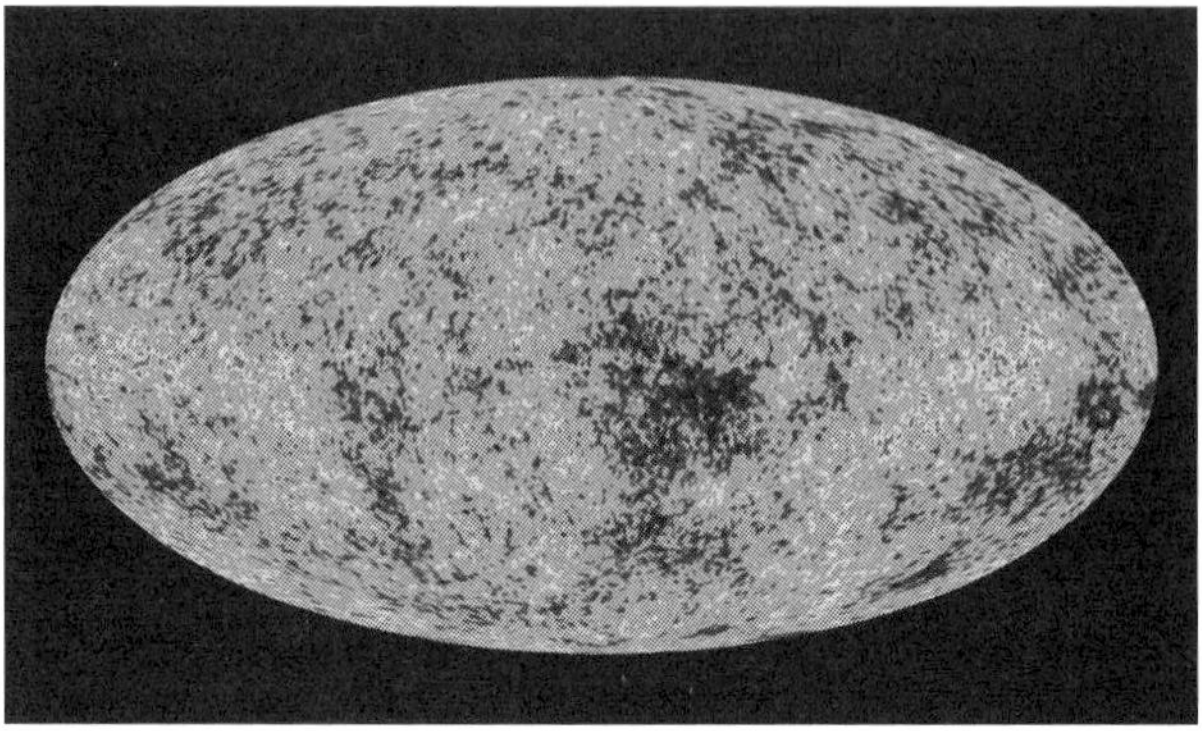

NASA

図22　WMAP衛星によって観測された宇宙背景放射のゆらぎ

から、ビッグバン理論が主流にはなっていましたが、それとその後に得られたデータだけでは一〇〇パーセントというわけにはいきませんでした。しかし、ＣＯＢＥが搭載した装置の一つがとらえた宇宙背景放射のスペクトルが、理論で予測されたものと寸分たがわぬものであったのが決め手となり、長年の論争に終止符が打たれたのです。

別の装置は四年にわたって宇宙背景放射にゆらぎがあるかどうかを観測しました。宇宙を眺めると、八〇億光年先まで泡構造がつながっていたり、宇宙の始まりに近いところで銀河が発見されたりと、物質のむらむらが宇宙初期からかなりあったことがうかがえます。ところが、ＣＯＢＥ以前の観測では、銀河のタネになったと思われるものが発見できませんでした。タネも仕かけもないところから銀河が出現したとは考えられません。初期宇宙にあったはずの密度差の痕跡、ゆらぎがないか、たんねんに探しました。そして見つけました。しかし、わずか一〇万分の一という非常に小さなものでした。この小さな小さなタネがどのように大規模構造へと変身したのか、まだわかっていません。

これらの業績に対して、二〇〇六年のノーベル物理学賞がＮＡＳＡのジョン・マザーとカリフォルニア大学バークレー校のジョージ・スムートに授与されました。

長い時間をかけて積み上げられた英知によって、宇宙の謎が少しずつ明らかになりつつあります。とくに一九八〇年代からの進展には目を見張るものがありました。いろいろな発見があったので、宇宙観がひっくりかえるようなものは出尽くしたかに見えましたが、九〇年代末、さらに驚くような発見がありました。そのことについては次の章で述べます。

第六章 加速膨張する宇宙の発見

謎のエネルギーの存在

「宇宙の膨張は加速している！」。一九九八年二月に開かれた会議で、それまでの宇宙観を根底から揺さぶる爆弾発言が飛び出しました。

アメリカの天文学者エドウィン・ハッブルが、宇宙が膨張していることを発見してから約七〇年。宇宙が大爆発によって誕生し、それ以来、爆発の勢いで膨張しつづけている、というビッグバン理論が一般に受け入れられるようになって約三五年。それまで、宇宙の膨張がどれだけ減速しているかを測定すれば、宇宙の未来がわかる、と考えられてきました。宇宙にふくまれる物質の量が多ければ、物質どうしのあいだで働く引力によっていつか膨張は止まり、収縮がはじまるでしょう。物質の量が少なく引力が弱ければ、膨張速度はしだいに遅くなるものの、膨張は永遠につづくでしょう。どちらにしろ宇宙の膨張は減速するものだと思われてきました。ところが、膨張が加速しているというのです。

この驚くべき結果をもたらしたのは、ある種の星の一生の最後を飾る大爆発、Ia型超新星の観測でした。とても信じられない結果でしたが、まったく独立した二つのグループがそれぞれ行った観測によってもたらされていることから、信憑性は高いものです。また、二〇〇一年に打ち上げられ、九年にわたって宇宙背景放射を詳細に探査したＷＭＡＰ衛星の観測結果からも、同様の結論が得られています。

減速ではなく加速をもたらすものはなんなのでしょうか。まだわかっていません。そもそも、宇宙にある物質の大半は、いまだになんであるのかわかっていません。私たちが知っている星やガス雲以外の物質が大量にあることは、かなり以前から知られていましたが、その正体は不明のままで、ダークマター（暗黒物質）と呼ばれています。そのうえさらに、宇宙には私たちが知らないエネルギーがあって、それが宇宙の膨張を加速しているらしいのです。このダークエネルギーと呼ばれるエネルギーがいったいなんで、どこで生じたのか、研究はまだ始まったばかりです。

恐竜の絶滅と超新星探し

約六五〇〇万年前、地上から恐竜が姿を消しました。恐竜が姿を消した理由については諸説ありましたが、最近では、ユカタン半島の先に衝突した小惑星によって、恐竜をふくむ多くの動植物の大量絶滅が引き起こされた、というのが定説になっています。意外なことに、この説を一九八〇年に最初に唱えたのは物理学者と地質学者の親子でした。

アメリカ、サンフランシスコ郊外バークレーにあるローレンス・バークレー研究所（LBL）は、多くのノーベル賞受賞者を輩出している著名な物理学研究所です。研究所の主要メン

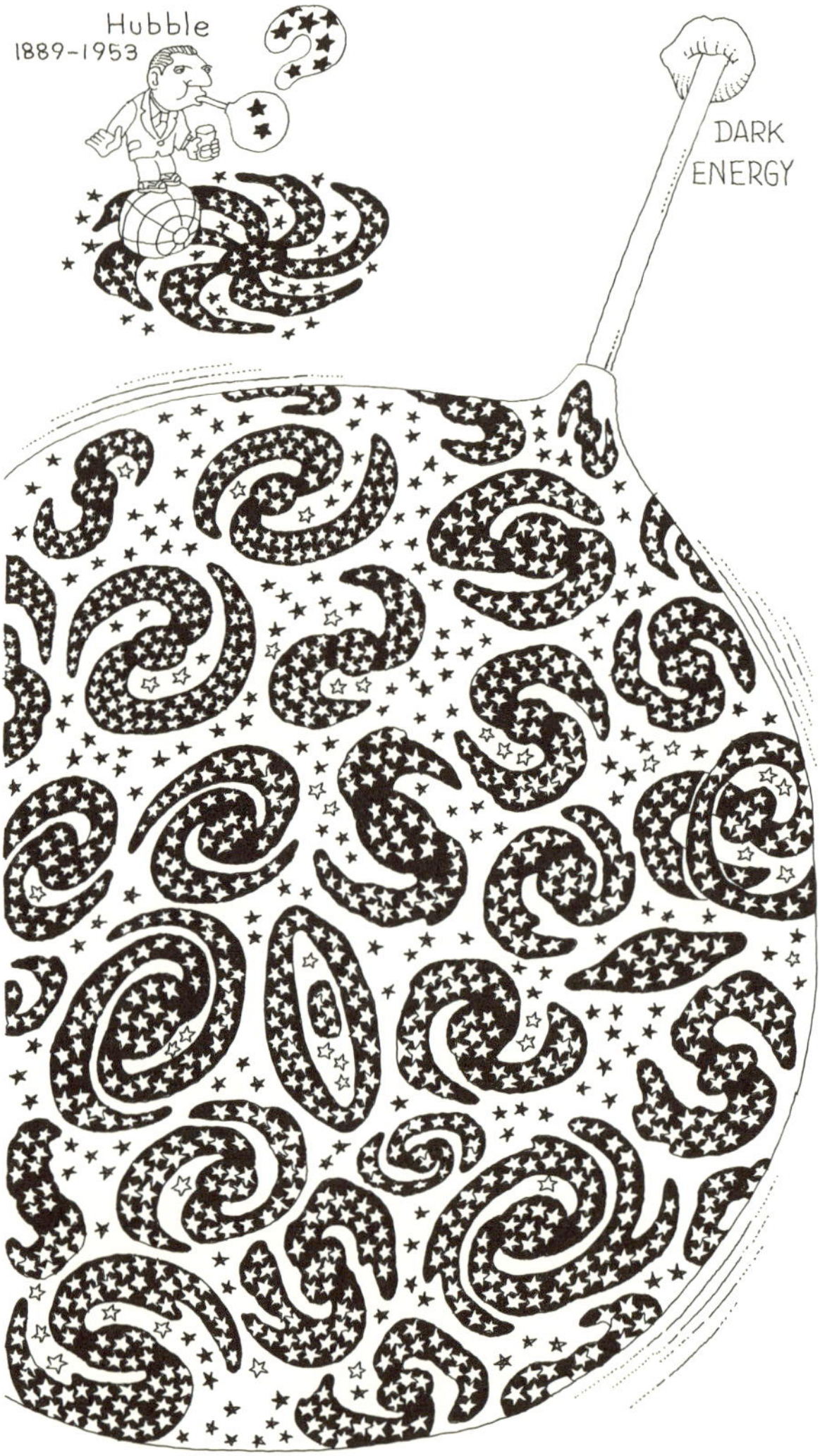
Hubble
1889-1953
DARK
ENERGY

バーであり、素粒子物理学における業績によって一九六八年にノーベル賞を受賞したルイ・アルバレスは、天体物理学にも興味をもっていました。彼の息子ウォルターは地質学者で、一九七九年、イタリアにある古い時代の堆積岩《たいせきがん》の研究をしていて、その岩石中にある薄い層に、上下の層の約二五倍ものイリジウムがふくまれていることを発見しました。この層は約六五〇〇万年前のもので、ちょうど中生代から新生代へと移り変わる境目にあたっているだけでなく、多くの動植物が突然姿を消した時期と一致しています。

アルバレス親子とその同僚たちは調査と研究をつづけ、その層に大量に含まれるイリジウムと生物の大量絶滅のあいだになんらかの関係があるにちがいないと結論づけました。そして、直径八キロメートルから一六キロメートルの彗星あるいは小惑星が地球に衝突したことによって、六五〇〇万年前に恐竜が絶滅した、と提唱しました。この説は当初、かなり懐疑的にみられていましたが、その後、次々と証拠が得られるにつれて、多くの人に受け入れられるようになりました。

アルバレスの同僚リチャード・ミューラーは、衝突したのが彗星で、彗星が地球に近づく原因をつくったのが太陽の暗い伴星だと考えました。そしてその伴星に、人間の思い上がりを憤《いきどお》り罰するギリシア神話の女神の名をとって「ネメシス」と名づけました。ネメシスの軌道は細長く、太陽にもっとも近づいたときでも冥王星の一六〇倍の距離にあるが、ネメシスの重

図23　サウル・パールムッター

力が彗星の軌道に影響を及ぼし「彗星の雨」を降らせるだろう。そのうちの一つもしくは数個が地球に衝突し、二六〇〇万年ごとに大量絶滅を引き起こす、と考えたのです。ネメシスは非常に暗いが、地球に近いので大きな視差があるはず。そこで位置を変える星を見つけ、たんねんに分析すれば、やがてネメシスがとらえられる、と彼は考えました。

この観測を人間がおこなうのは大変なことから、彼は自動的に観測をし、その結果を分析するロボット望遠鏡をバークレーの北西にあるなだらかな丘のなかにつくりました。当時ミューラーが指導教官をしていた学生の一人が二〇一一年のノーベル物理学賞を受賞したサウル・パールムッターで、彼の博士論文は、ネメシスを無人ロボット望遠鏡で探査する方法について述べたものです。

この口径四五センチメートルの望遠鏡は、前もって決められたスケジュールにしたがい、毎晩、空のある領域を撮影し、数週間、あるいは数カ月前に撮影された同じ空の領域の写真と比べ、光を差し引きます。すると、明るくなったところ、つまり以前にはなかったものがとらえられたところだけが残ります。なにかを発見すると、研究者に知らせるようにコンピュータ・プログラムが組まれていました。結局、ネメシスは見つかりませんでしたが、この望遠鏡はわりと早い時期から別の天体、超新星探査にも使われるようになりました（私も八〇年代終わりにこの望遠鏡で観測しているところを見せてもらったことがあります）。

閉じた宇宙、開いた宇宙、平らな宇宙

宇宙は膨張しているというけれど、膨張した結果、宇宙はどうなるのだろうか。そんな疑問が湧いてきます。過去も気になるけど、未来もまた気になります。このまま膨張がつづくのか、それともいつか膨張が止まるのか、天文学者も頭を悩ましてきました。

宇宙が現在膨張しているとしても、宇宙のなかにふくまれる物質どうしが引き合っているために、膨張速度はしだいに遅くなっていくでしょう。物質の量が多ければ多いほど引力が強く、はやく減速することになります。地上でボールを投げたときのように、引力が非常に強ければ、やがて宇宙は膨張をやめて収縮に転じるでしょう（閉じた宇宙）。物質の量が少なく、引力が弱ければ、宇宙の膨張は永遠につづくことになります（開いた宇宙）。閉じた宇宙も開いた宇宙も、その空間は「曲がって」います。ちょうどその中間になるのが「平らな宇宙」で、宇宙の膨張速度は限りなくゼロに近づきます。この場合、宇宙の密度は臨界密度にあるといいます。

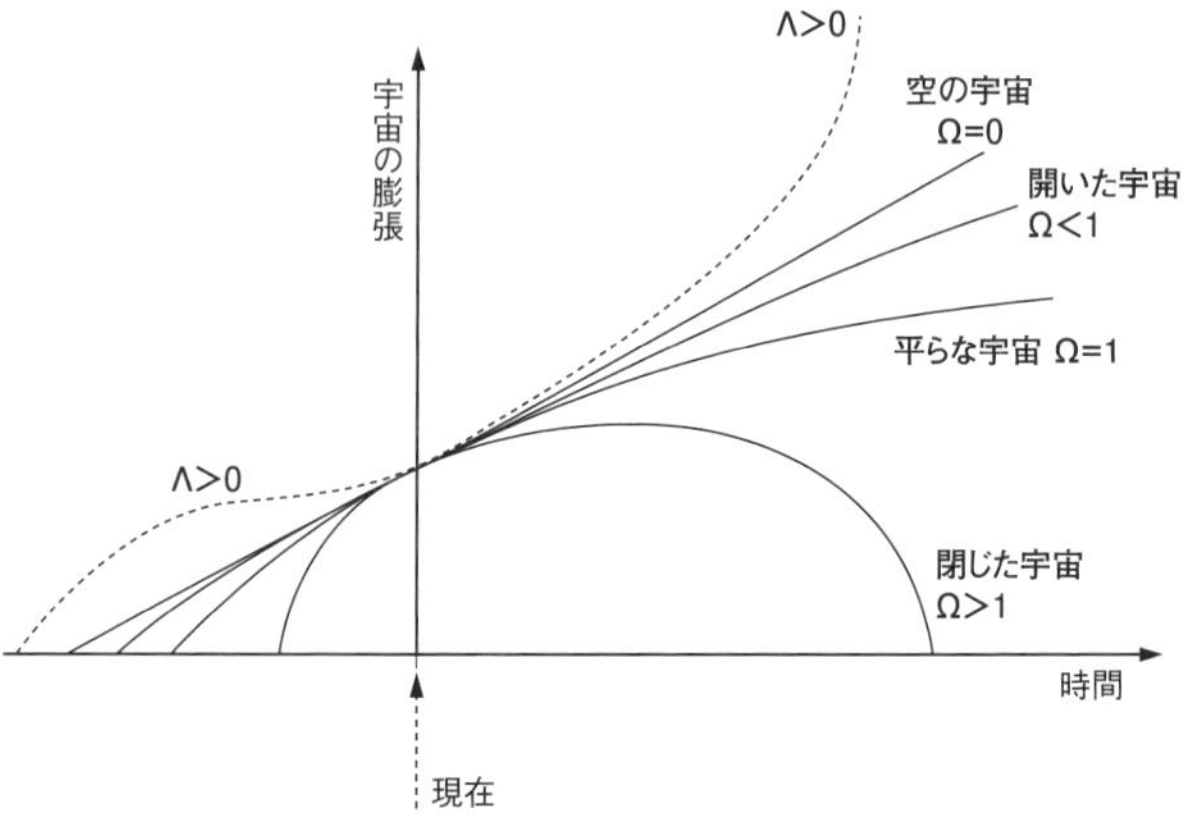

図24　オメガ（Ω）とラムダ（Λ）の値がわかれば宇宙の過去と未来がわかる

宇宙を平らにする臨界密度と実際の宇宙の平均密度の比、つまり宇宙にどれだけの物質があって、それによってどれだけ空間が曲がっているかを示す値は「オメガ」と呼ばれます。オメガの値が一よりも小さければ、宇宙は開いており、永遠に膨張をつづけるでしょう。一方、一よりも大きければ宇宙は閉じていて、いつか収縮を始めることになります。ちょうど一ならば宇宙は平らで、膨張速度はかぎりなく遅くなるものの、やはり永遠に膨張をつづけます。オメガの値がわかれば、宇宙の未来がわかるということです。しかし、問題はどうやったらオメガの値が求められるかでした。

超新星は宇宙の灯台

一九八七年、大マゼラン雲に四〇〇年ぶりに肉眼で見える超新星一九八七Aが出現しました。ニュートリノの観測、望遠鏡や天文衛星を使った観測などによって、超新星に関する研究が一気に進みました(83ページ)。このとき、超新星を使った観測の潜在的な可能性に多くの学者が気づきました(一九三〇年代以降、何度かその可能性は指摘されていましたが、実際の観測結果がなかったため、現実感を伴わないものでした)。

一九八八年、ローレンス・バークレー研究所のパールムッターたちもまた、超新星を使えばオメガの値が求められるのではないか、と考えました。超新星には大きく分けてI型とII型があり(一九八七AはII型)、さらにいくつかのタイプに分けられます。そのなかでIa型はもっとも明るくなるだけでなく、もっとも明るくなったときの明るさがどれもほぼ同じという特徴をもっています。非常に明るいIa型超新星は、かなり遠くに出現したものでも観測できるはず。その距離を正確に求めることができれば、宇宙の灯台として使えるにちがいない。多くのIa型超新星を見つけ、精密な観測によってデータを蓄積すれば、宇宙がどれくらい速く膨張しているか、宇宙空間がどれくらい曲がっているか、さらには宇宙が遠い将来膨張を止めるかどうかまでわかるのではないか、と考えたのです。

BJ Fulton, Peter Nugent, Sedgwick Observatory and the Palomar Transient Factory

図25　Ia型超新星〈おおぐま座の渦巻き銀河M101に2011年8月に出現したSN 2011fe〉

挫折したデンマーク人の挑戦

どこに現われるか、いつ現われるか、まったくわからない天体を見つけるのは至難の業です。ある銀河にIa型超新星が現われるのは一〇〇年から二〇〇年に一度といわれていますから、限られた観測時間内に見つけるためには、一晩に数千個もの銀河を観測しなければなりません。超新星が見つかったとしても、近くの銀河に出現したものかもしれないし、Ia型ではないかもしれません。めでたく遠くのIa型とわかったとしても、それからがまた一苦労です。遠くの銀河に出現した超新星の詳しい情報を得るには、大型望遠鏡もしくはハッブル宇宙望遠鏡による追加観測が不可欠ですが、貴重な望遠鏡の時間をもらうのは容易ではないからです。

パールムッターたちより前に同様のことを考えたデンマークの天文学者グループは、一九八六年から、すでに距離がわかっていて、多くの銀河をふくむ約六〇個の銀河団にターゲットを絞って観測にのぞみました。観測を始めて約二年後、初めて約二〇億光年の距離に出現したIa型超新星の光をとらえることに成功しました。しかし、有意義な結果を得るには最低でも同様の距離に少なくとも一〇個の超新星を見つけなければなりません。資金も底をついた彼らは、ここで挫折してしまいました。

挫折はしたものの、彼らはパイオニアとして計画そのものの有効性を示すことはできました。ただ彼らは時代を先取りしすぎていたために、まだ技術がこの計画を実現できるほど進んでいなかったといえるでしょう。そして、Ia型超新星そのものについても当時はまだわからないことが多く、たとえもっと多くの超新星が観測できていたとしても、そのデータを解釈するのはむずかしかったと思われます。

パールムッターたちのグループ（SCPチーム）の主要メンバーは、彼をはじめとして素粒子物理学の分野から天文学に転向した人たちでした。そのため天文学の知識が足りず、超新星の観測や解釈のむずかしさがよくわかっていませんでした。逆にわかっていなかったからこそ、彼らはできないとは思わずに、超新星の観測に乗り出す気になったのかもしれません。

超新星観測の第一人者であるハーバード大学のロバート・カーシュナーは、デンマーク人た

図26　ロバート・カーシュナー

ちの計画に対し、非常に冷ややかでした。Ia型超新星がオメガを求める道具として有効かどうかわからない、というのが彼の主張でした（当時としてはもっともな考えでした）。彼はまた、SCPチームがオメガを決定する目的で超新星探査に乗り出したときも否定的な態度を示しました。有効性に疑問があるというだけでなく、もともと天文学のことをよく知らない連中に大したことができるはずがない、自分たちの分野を荒らされたくないと考えたようです。カーシュナーはことあるごとにSCPチームの計画に異論を唱え、資金や望遠鏡時間を得ようとする彼らの努力に水をさし、足を引っ張りつづけました（各プロジェクトにいくら資金を配分するかという会議で、このような計画に資金をつけるべきではないと、みんなの前でこきおろしたりしていたといいます。といっても、計画に反対したのは彼だけではなく、ほかの著名な観測家のなかにも同様に考える人がいました。その一方で、やらせてみたらと後押しする天文学者もいました）。

熾烈な先陣争いの始まり

カーシュナーの妨害もあって、パールムッターたちの計画は思うように進みませんでした。パールムッターとともにグループを立ち上げたカール・ペニーパッカーは、計画を続ける資金を得る目的もあって、途中で別のプロジェクトに取り組み、後方支援にまわりました。一〇分間の露出で約五〇〇〇個の銀河が写ったデジタル画像が得られる高性能カメラを開発したものの、遠くの銀河を観測するには、彼らがつくったものより大きな望遠鏡が必要とされました。しかし、実力のほどを示すことができないため、なかなか望遠鏡時間がもらえません。やっと、アングロオーストラリアン望遠鏡の観測時間がもらえたものの、曇りの日が多かったせいもあって、超新星を発見するにはいたりませんでした。計画開始から一年半が過ぎても超新星は見つかりませんでした。デンマーク人たちと同じ運命をたどるかと思われましたが、パールムッターたちはめげませんでした。

パールムッターは起上り小法師《こぼし》のように、どんなに倒されてもすっと起き上がる強靭さをもっていたと当時を知る天文学者の一人がいっています。彼がいなければ計画をつづけることはできなかっただろうと。このころのことをペニーパッカーは「ダークデイズ（暗黒時代）」と表現しています。

一九九二年春、パールムッターたちの努力がやっと実を結びました。五〇億光年以上離れたところに出現したIa型超新星を見つけたのです。これで大型望遠鏡の時間ももらえるようにな

図27　シュミット夫妻と著者夫妻

り、九四年までに六個見つけることに成功したのです。チームも世界各国の天文学者に働きかけた結果、国際的なものとなりました（世界のあちこちにある大望遠鏡の時間をもらうためには、望遠鏡にアクセスできるメンバーが不可欠だったからです）。

その一九九四年、その後もパールムッターたちの足を引っ張りつづけていたカーシュナーが、なんと彼らと同じ方法で超新星探査をする新たなチーム「ハイZ」を仲間と立ち上げました。中心メンバーは九〇年代初めにハーバード大学にいた天文学者たちで、まとめ役となったのは、カーシュナーの学生で探査することを提案したブライアン・シュミット（当時二七歳）です（グループをつくったのはカーシュナーでしたが、彼はこれまでさんざん否定的なことをいってきたためか、代表に選ばれませんでした)。やはり世界各地に散るメンバーは、もともと超新星観測のエキスパートたちです。これを聞いたパールムッターたちは怒りました。さんざん人の足を引っ張っておいて、ものになることがわかったら自分たちもやるというのか、そう思ったのも無理はありません。このあと、二つのチームは熾烈な先陣争いをくり広げることになりました。

宇宙で一番強い力

さんざんSCPチームの計画を否定してきたカーシュナーたちハイzチームが、なぜ同じ探査に乗り出したのか。超新星が実際に観測され、探査が実行可能だということがわかったこともありましたが、この間にIa型超新星について新たな情報が得られたことが大きかったようです。

Ia型超新星は超新星のなかでもっとも明るくなり、その明るさはどれもほぼ同じだと考えられています。しかし、実際に観測すると、もっとも明るくなったときの明るさと、明るさの変化を示す光度曲線の形に、かなりのばらつきがあります。このままでは有意な結論を引き出すことができません。

一九九〇年六月から九三年一月まで、チリの天文台にいたマリオ・ハムイ、マーク・フィリップス、ニック・サンチェフらが協力してIa型超新星の探査をおこないました。彼らは四九個の超新星を見つけ、そのうちの三一個の追跡調査をしましたが、これらはどれも六億光年くらいの距離に出現したもので、オメガの値を決めるには近すぎるものでした。しかし、これら三一個のデータから、その光度曲線の形を使うことで、もっとも明るくなったときの明るさのちがいを修正する方法をフィリップスが発見したのです。これによって、Ia型超新星を距離の指標、宇宙の灯台として使えることが一九九三年にわかりました。これを受けてハイzチームが結成されることになったのです。

一九九六年六月、プリンストン大学創立二五〇年を記念して、宇宙論の問題に決着をつけることを目的とした大規模な会議「宇宙論に関する重大な話し合い」が開催されました。ハイzチームは発表することのできる観測結果はまだなく、SCPチームのパールムッターはそれまでに解析のすんだ七個の超新星をもとに宇宙の膨張は減速しているようだと述べました。このときはまだ、宇宙の膨張速度が加速していることを示すデータは得られていませんでした。

二つのグループのあいだの競争はしだいに激しさを増しつつありました。最初、SCPチームに属していたカリフォルニア大学バークレー校の観測家アレックス・フィリペンコが九六年初めにハイzチームに鞍替えし、カーシュナーの学生だったアダム・リースがフィリペンコのポスドクになったことで、バークレーは二つのチームの戦場となりました。とはいっても、解析の多くを担当する若者たち、リースとSCPチームのピーター・ヌージェントはいたって仲が良く、犬猿の仲のシニアたちをよそに、互いに情報を交換しながら研究を進めていたようです。

このころ、ニューヨークタイムズのインタビューを受けたカーシュナーは「宇宙で一番強い力はなんだと思う？　重力じゃなくて嫉妬なんだ」と述べています。その真意は明らかではありませんが、なかなかふくみのある言葉でした。

大学院時代のリース。彼の左肩に半分隠れているのがシュミット。そのすぐ右上のTシャツの青年がヌージェント

図28　アダム・リース〈中央〉

バーデとツビッキーの予測

ここで超新星の研究がどのように進められてきたかについて少し述べることにします。「新星（ノバ）」は今まで見えなかった星が急に現われ、やがて姿を消す現象です。二〇世紀初めごろには暗い新星が多く観測されていました。ハッブルが二〇年代にアンドロメダ星雲が遠くにある別の銀河であることを発見したことから、一八八五年この銀河に出現した「アンドロメダS」が途方もな

く明るい新星だったことがわかり(138ページ)、新星に興味をもつ天文学者が増えていきました。

一九三一年、新星に興味をもった二人の学者が出会いました。一人はドイツからウィルソン山天文台にやってきた天文学者ウォルター・バーデ、もう一人はスイス出身でカリフォルニア工科大学にいた物理学者フリッツ・ツビッキー(167ページ)(どちらの本部もロスアンゼルス近郊のパサディナにあります)。ツビッキーはバーデから観測のしかたを習い、定期的に銀河団の観測を始めました。

一九三三年、二人は新星を「ふつうの新星」と「超新星(スーパーノバ)」に分けました。その基礎としたのが、ほかの銀河で偶然見つかった非常に明るい一三個とアンドロメダSとティコの星の計一五個と、それ以外の多くのかすかな新星です。しかし、個々の新星について系統立った観測がおこなわれたわけでもなく、光度以外の情報はまるでありませんでした。

翌三四年、彼らはそれまでの議論をまとめた三つの論文を発表し、超新星を研究することとの重要性を示しました。これらの論文のなかで、彼らは非常に大胆な、しかしのちに正しいことがわかる予測をしています。

「新星」には二種類あり、何度も爆発をくり返すこともある新星は銀河系内に出現したもので、最高光度は超新星の一万分の一程度しかない。一方、超新星は星の一生の最後に一度しか起きない破壊的な死である。超新星が放出するエネルギーの大半は可視光以外の電磁波で放射される。超新星は、ふつうの星を主に中性子からなる、密度の非常に高い小さな中性子星へと変換する過程だと思われる。超新星のエネルギーは中性子星が形成されるさいに得られ、その一部は宇宙線を加速するエネルギーとなる。

中性子の存在が理論的に予測されたのが一九二〇年、実際に発見されたのは、彼らがこの予測をするわずか一八カ月前のことでした。中性子発見の直後に、ソ連の物理学者レフ・ランダウが中性子でできた星「中性子星」のモデルをつくり、それが存在するにちがいないと述べていましたが、それを超新星と結びつける、観測的、理論的根拠は、当時はまるでありませんでした。これは、主に理論面を担当したと思われる、ツビッキーのひらめきのすごさを表わしています。

超新星の二つのタイプ

超新星の研究をするには、まず超新星を見つけることだと考えたツビッキーは、即、超新星探査を始めました。でも見つかりません。視野の広い望遠鏡の必要性を痛感した彼は、当時、五メートル望遠鏡の製作をしていたヘールにかけあい、口径四五センチメートルのシュミット望遠鏡を一九三六年に手に入れます。この望遠鏡の威力はあらたかで、すぐに超新星が見つかりました。

一九三七年に彼が見つけた二つ目の超新星は非常に明るく、出現した銀河の全光量の一〇〇倍もの明るさで輝き、姿を消すまで二年間も観測することができました。そのおかげで、超新星の明るさが時間とともにどう変化するかを示す曲線「光度曲線」が初めて描けただけでなく、スペクトルもとることができました。その後、ツビッキーが超新星を見つけると、バーデがウィルソン山の一・五メートルや二・五メートルの望遠鏡を使ってその観測をつづけ、光度曲線を描くというやり方が定着したようです。また、スペクトルはバーデと同僚のルドルフ・ミンコフスキーがとりました。

彼らが見つけた一個目から三六個目までの超新星は、多少のちがいはあるものの、かなり似通っていました。スペクトルはほかのどの星とも異なっていましたが、互いどうしはよく似ていました。光度曲線もやはり似ており、どれも最高光度となったあと数週間で急速に減光し、その後は約五〇日の半減期で指数関数的に暗くなりました。

一九四〇年、三七個目の超新星が発見されましたが、かなり暗く、それまでのものとはまるでタイプが異なっていました。その後、このタイプの超新星がいくつも見つかったのですが、光度曲線はてんでんばらばら、唯一同じだったのがスペクトルに水素の線が見られることです。ミンコフスキーはこれらの二つのタイプを分類して、はっきりした特徴はあるが解釈できないスペクトルをもつ超新星をI型、スペクトルのなかに水素の線が見られる超新星をII型としま

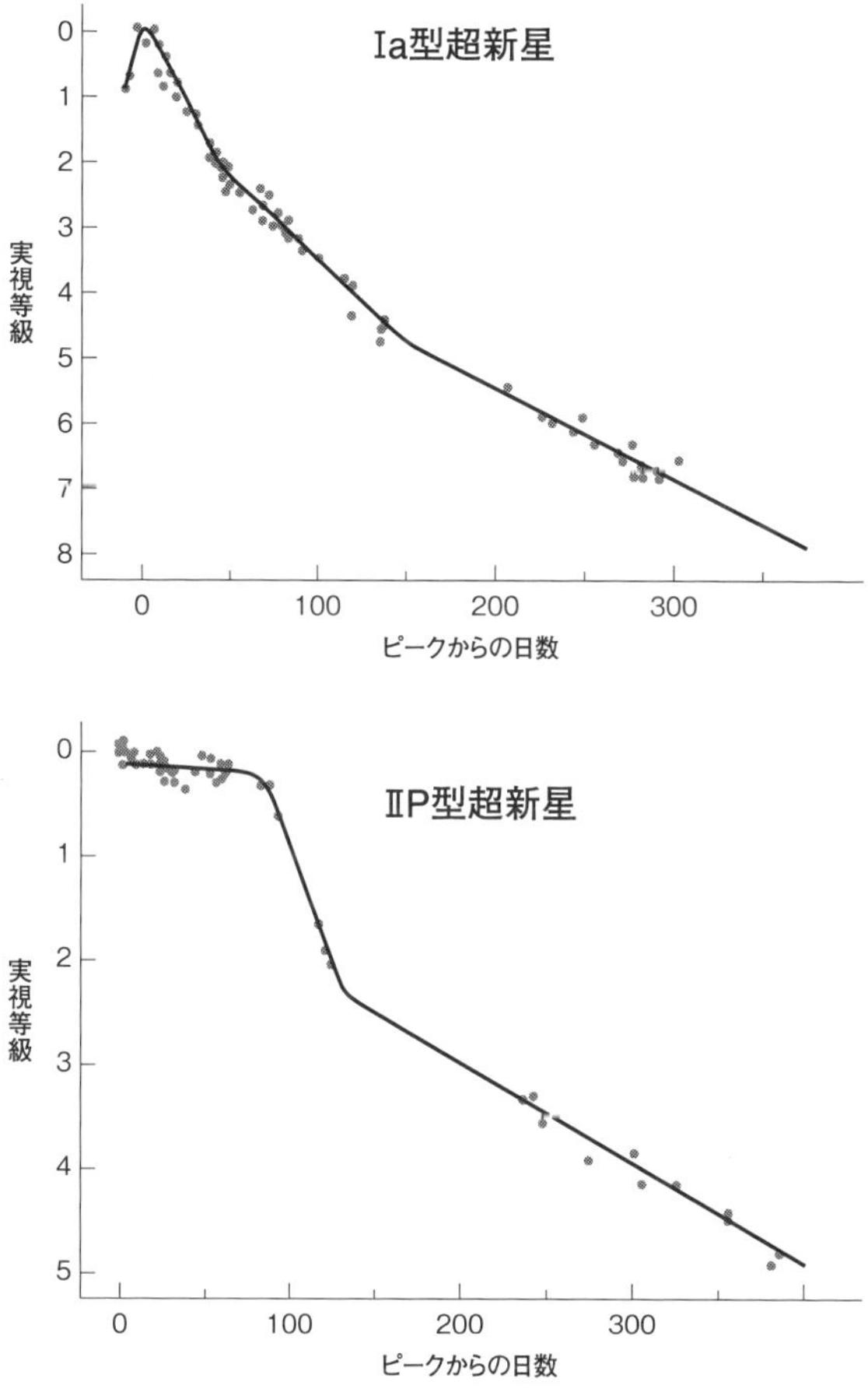

Ia型が急速に暗くなるのに対し、IIP型はしばらく明るさが変わらない期間がある

図29　超新星のタイプによる光度曲線の違い

した。この分類は七〇年以上たった現在でも基礎として使われています。

どこで元素はつくられたのか

太陽はいったいどうやって輝いているのだろうか。二〇世紀前半、科学者は頭をひねっていました。太陽から地球にふりそそぐエネルギーは膨大なものです。もし太陽が石炭を燃やしているとしたら、地球が受け取っているエネルギーは一分間に石炭約一億トンを燃やしたものに相当するといいます。それでも太陽が放出しているエネルギーの五〇億分の一にすぎません。これほどのエネルギーを太陽はどうやってつくっているのでしょうか。

一九三八年、この問題に答えを出したのはハンス・ベーテでした。彼は太陽の中心で起きている水素核融合のメカニズムを詳細に記述し、星々がどのようにして輝いているかを明らかにしたのです。これは星の進化の研究の第一歩でした。

一九四四年、のちに定常理論の提唱者の一人となるフレッド・ホイル（153ページ）は、ウィルソン山天文台を訪れ、バーデと天文学の最新事情について語りあいました。話題の一つが星の大爆発である超新星についてで、バーデはホイルに自分たちの観測などについて詳しく語り、多くの資料を手渡したといいます。

バーデの話に感銘を受けたホイルは、死にゆく星がどんな元素をつくるかについて研究を始めました。そして、一九四六年、星の中心部で燃料となる水素が使い尽くされると、芯が収縮し、温度が高くなって、鉄をふくむ重い元素をつくる、と提案する四一ページの論文を書きました。芯が収縮するとより速く回転するようになり、回転が速くなると新たにつくられた重元素が宇宙空間にばらまかれ超新星になると。このシナリオは正しいとはいえませんが、彼は重元素がどこでつくられるかについて、初めて述べたことになります。

ホイルはその後も研究をつづけ、星のなかで炭素がつくられる過程について（ヘリウム原子核三個の核融合、77ページ）解き明かしました。定常理論に対抗するビッグバン理論を論破するためには、宇宙のどこで重元素がつくられるか、説明する必要があったからです。ホイルは重元素をつくるのが星と、その爆発である超新星だと考えました。また、中心部の水素が燃え尽きると星がふくらんで赤色巨星になることを示したのもホイルでした。

核爆発それとも重力崩壊

ツビッキーたちのおかげで超新星の観測は進みましたが、それを説明する理論はなかなか進展しませんでした。超新星は星が一生の最後に起こす大爆発らしい、と天文学者は考えるようになったものの、どんなメカニズムで爆発が起こるのかはわかりませんでした。いろいろな意見が出され、一九六〇年にホイルとウィリアム・ファウラーがそれまでの集大成といえる考えを発表しました。「I型は小質量星の核爆発であり、II型は大質量星の重力崩壊である」

彼らの考えの骨子は、現在でも標準として認められています。また、この考えを発表する以前の一九五七年、二人はバービッジ夫妻とともに発表した論文のなかで、I型超新星の光度曲線についても述べていました。光度曲線が指数関数的に落ちていくのは、半減期が六〇日のカリフォルニウム254という放射性元素のせいであろう、と（そのころ、ビキニ環礁における水爆実験でこの元素が形成されたことがヒントになったと思われます）。I型超新星が放射性元素で輝いている、という彼らの考えは大筋では正しいものでしたが、のちにカリフォルニウムではなくニッケル56とコバルト56であることがわかりました。

彼らの研究を土台に、その後、多くの天文学者、物理学者が、観測された超新星の光度曲線や、そのまわりで見られる元素とその量などを仔細に調べ、それを再現するためにはどんなモデルが考えられるか、コンピュータによるシミュレーションなどによって、超新星の実像に迫っていきました。第三章で述べた超新星爆発のメカニズムは、これらの研究の積み重ねによって引き出されたものです。

太陽の八倍以上の質量をもつ大きな星が重力崩壊することで起こるII型超新星については、一九八七年に大マゼラン雲に出現した超新星一九八七Aの観測から、理論が大筋で正しかったことが証明され、細かな情報も得られました（85ページ）。もし、天文学的に私たちのすぐ近くにあるベテルギウスが超新星爆発を起こせば、さらに多くの情報が得られ、残っている謎の解明が一気に進むと期待されています。ちなみに、Ⅱ型超新星の最高光度と光度曲線がてんでんばらばらなのは、爆発したもとの星の質量や半径が異なるからだと考えられます。

その後、Ⅰ型とⅡ型の分類だけでは説明のつかない超新星が発見されたことから、超新星はさらに細かく分類されるようになり、連星系を形成する白色矮星の爆発はIa型と呼ばれるようになりました。Ia型超新星の最高光度がどれもほぼ同じなのは、星が爆発するときには、どの白色矮星の質量もチャンドラセカールの限界質量（82ページ）付近になっており、ほぼ同じ量の放射性元素がつくられるためだと思われます。

二〇一一年九月、比較的近くにある渦巻き銀河M101にIa型超新星が出現しました。この超新星の観測から、爆発した星について詳しいことがわかるのではないか、と考えられています。

多くの星からの贈り物

私たちの太陽系のなかにある元素の数を比べてみると、水素を一〇〇万個としたとき、ヘリウム九七〇〇〇、酸素八五、炭素三六、ネオン一二、チッ素一一、マグネシウム四、ケイ素四、鉄三、イオウ二……となっています。この割合はどの星でも同じわけではありません。たとえば、うしかい座のアークツールスの場合、酸素の比は太陽より多いのですが、鉄の比は三分の一です。また、歳をとった星はそもそも重元素の量が少なく、酸素の比は太陽よりも小さく、鉄の比はさらに小さくなっています。

一九五〇年代初め、天文学者は古い星に含まれる重元素の量が若い星よりも少ないことを発見し、銀河にふくまれる重元素の量は時間とともに増えていると結論づけました。星が生まれて進化し、体内で生み出した重元素を死とともに宇宙空間に戻すことで、銀河にふくまれる重元素の量が増えていったのです。

太陽の八倍以上の質量をもつ星は、最終的に重力崩壊を起こし爆発に転じ、II型超新星となります。この爆発のさいにほとんどの元素がつくられますが、その元素組成は太陽系のものとは異なっています。酸素は多くつくられるのですが、鉄、ニッケル、コバルトといった鉄族は爆発のさいに中性子星やブラックホールに取り込まれてしまうためあまり放出されず、炭素も酸素と比べると少量です。金銀ウランも太陽系で見られるほどにはできないことがわかっています。では、これらの元素はどこからやってきたのでしょうか。

炭素は、太陽の八倍以下の星の中心に炭素と酸素の芯ができたあと、芯の外側のヘリウムが燃えてできた炭素の一部が外層に流れ出し、最終的に宇宙空間にまざると考えられています。鉄を大量につくりだすのはIa型超新星です。白色矮星が核爆発を起こしたさいに、それを構成していた物質のほとんどが放射性元素のニッケル56に変換されてしまいます。それが半減期六日で放射性元素コバルト56になり、さらに半減期七七日で鉄56になります。Ia型超新星の輝きのもとがこのニッケル56とコバルト56なのです。金銀ウランがどこでつくられるかについては、残念ながらまだ定説はありません。

私たちの身体を構成している元素は、宇宙が誕生してから太陽が五〇億年ほど前に誕生するまでのあいだに、何代にもわたっていろいろなタイプの星たちが営々とつくりあげてきたものです。それらの星が元素をつくってくれなかったら、私たちがここにいることはなかったでしょう。

過去からやってきた光

朝焼けや夕焼けを見ていると、光と雲の織りなすショーに心を奪われることがあります。太陽の光が雲に反射して、雲が黄金色や赤やピンクに染まります。太陽の位置が変わり、雲も移動すると、輝いている位置が変わったり、色が変わったり、雲のあいだから太陽の光が扇状に噴き出したり。夕日が何度も雲に反射したせいか、本来なら輝きそうもない東の空の雲がピンク色に染まることもあります。その様子を見ていると、時間のたつのを忘れるほどです。

二〇〇三年一二月、ドイツのマックスプランク天文学研究所のオリバー・クラオゼは、アメリカの赤外線天文衛星スピッツァーで超新星残骸「カシオペヤA」を観測しました。この天体は一六八〇年ころに私たちの銀河内で爆発したと思われる超新星の現在の姿です（どういうわけか、この星の出現記録は世界のどこにも残っていません）。帯状に撮ったイメージの端に明るい部分がありましたが、そのときは気にもとめませんでした。

数週間後、同じ領域を同じように撮影したところ、明るい部分が移動していました。その速度は光の速さにも匹敵するものでした。これはいったいどういうことだろうか。考えたすえに導き出された答えは「光のエコー」。光源から出た光が離れた場所にある物質（星間雲にふくまれるチリ）によって反射され、直接やってきた光より遅れて地球に届く現象です（時間差はありませんが、朝焼けや夕焼けも似たような原理です）。光が次々とより遠くの物質に反射してやってくるので、あたかも光が移動しているように見えます。

三三〇〇年前、だれも見ることのなかった超新星爆発の光、それが今になって私たちのもとに届きました。過去からやってきた光によって、爆発当時の超新星のスペクトルを観測することができ、カシオペヤAがII型超新星であることがわかったのです。カシオペヤAで見られるなら、ほかの超新星残骸でも光のエコーを見ることができるかもしれない、と考えたクラオゼと日本の国立天文台の臼田知史《とものり》たちは、二〇〇八年にすばる望遠鏡をティコの星に向けました。そして、四四〇〇年前にティコ・ブラーエが見たのと同じ光を観測しました。たまたま爆発した

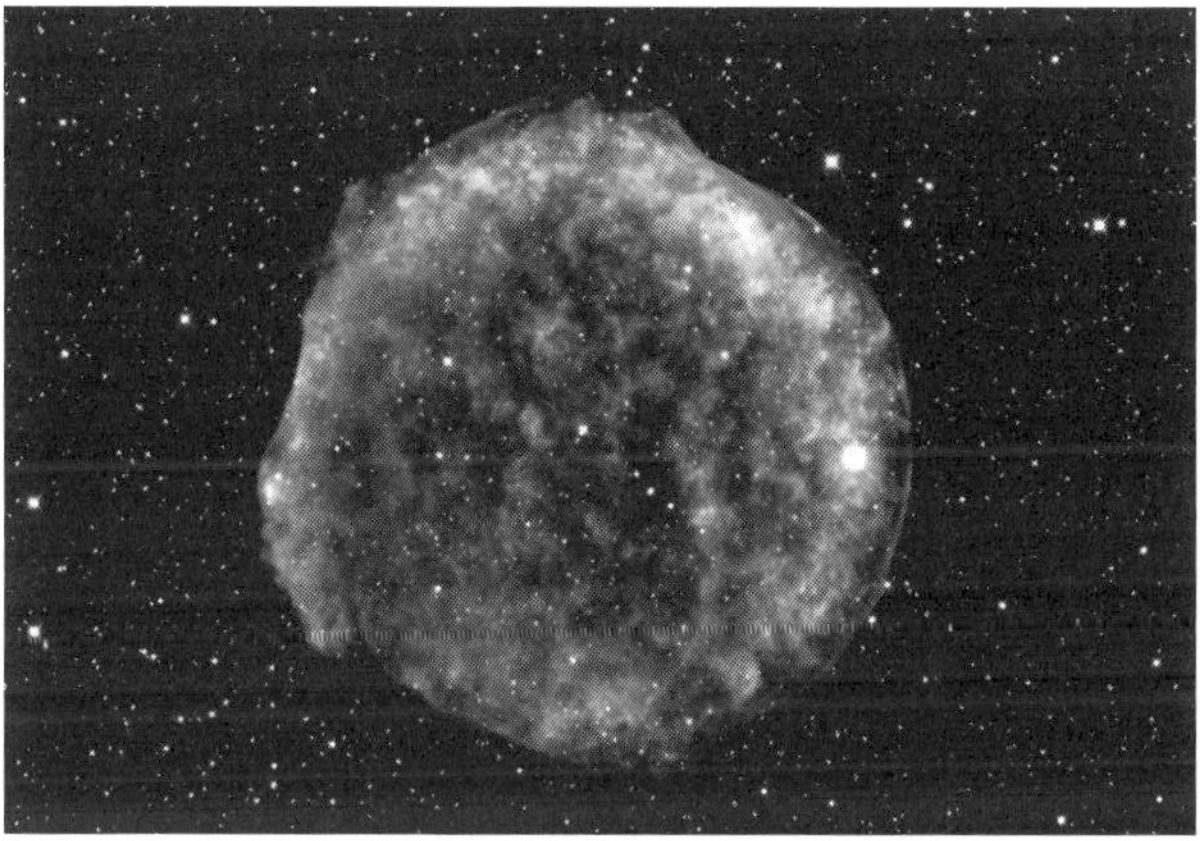

Max-Planck-Institute für Astronomie

図30　ティコの超新星残骸

星のまわりに物質が漂っていたおかげで可能になったこの観測。過去からやってきた光が、私たちにティィコの感動を伝えています（スペクトルの観測からこの超新星がIa型であることがわかりました）。今後、ほかの超新星でも同様の観測が試みられる予定です。

Ia型超新星の観測、データ取得、そして解析

ビッグバンと呼ばれる大爆発で始まった宇宙は、それ以来、爆発の勢いで膨張をつづけています。しかし、宇宙のなかには物質がありますから、物質どうしのあいだで働く引力によって引っ張られるため、膨張の速度は減速していると考えられます。膨張速度がここ数十億年のあいだにどれくらい変化したかがわかれば、宇宙にどれくらいの物質があるか

がわかると思われました。

膨張速度の変化は、ある明るさの光源の、距離によって予想される明るさと実際の明るさがどれだけ異なっているかを測ることができれば、計算することができるでしょう。そこでパールムッターたちSCPチームとシュミットたちハイzチームは、どの超新星でもほぼ同じ明るさで、非常に明るいので遠くに出現しても観測することのできるIa型超新星を探しました。いろいろな距離に出現した超新星を数多く調べることができれば、より正確に膨張速度の変化を知ることができるからです。

彼らがIa型超新星を観測する方法はつぎのようなものです。Ia型超新星はもっとも明るくなったときには太陽の四〇億倍もの明るさとなると考えられていますが、いつ、どこに出現するかは予測不可能です。そこでまず、月の影響が最小になる新月の直後に、口径が三、四メートルの望遠鏡を使って、何千という銀河をふくむ空の領域を撮影します。それから三週間後、次の新月の直前に同じ空の領域を撮影します。彼らが開発したコンピュータ・ソフトはわずか数時間で二つの写真を比べ、新たに出現した明るい点を見つけ出すといいます。この方法だと、もっとも明るくなる以前の超新星を見つけることも可能なのだとか。

Ia型超新星が見つかったら、月の影響を受けるようになるまでの一週間をかけて、超新星の明るさやスペクトルを注意深く調べます。遠くの銀河に出現した超新星は当然のことながらかなり暗いので、スペクトルを得るためには、六メートル、場合によっては八メートル以上の大望遠鏡が必要とされます。その後も何度か観測をおこなって光度を測り、時間とともに光度がどう変化したかを示す光度曲線を描きます。この光度曲線は、もっとも明るくなったのがいつかを見つけるだけでなく、前に述べたように明るさのばらつきを修正するのにも使われます。

遠くの銀河に出現した超新星の明るさは、銀河と超新星の明るさがまざりあっているため、正確に求めることができません。そこで一年ほど待って、超新星が暗くなったところで銀河の明るさを求め、それを差し引くことで初めて明らかになります。データを得るのに時間がかかるわけです。しかし、ハッブル宇宙望遠鏡をつかうと、最初から超新星と銀河の明るさを分けて観測できるといいます。彼らが観測を始めたばかりのころは、ハッブル宇宙望遠鏡の時間をもらうことができませんでしたが、超新星探しが成功するようになり、その方法の有効性が認められるようになると、時間がもらえるようになりました（宇宙望遠鏡科学研究所の当時の所長ロバート・ウィリアムズの英断によって、一方のチームだけでなく、両方のチームに平等に時間が与えられました）。そのおかげでデータの取得が早まりました。

超新星を見つけるのも大変ですが、そのデータを解析するのも容易ではありません。超新星のまわりやそれが属する銀河のなかには、多くのガスやチリが漂っています。それらが超新星の光をおおい、暗くしてしまう可能性があります。それやこれやいろいろな要素をかんがみて、データを補正しなければならないのです。これには細心の観測が必要なだけでなく、経験や知識が大きくものをいいます（当初、パールムッターたちは経験が不足していたため、いろいろなまちがいをしたことを本人たち自身も認めています）。

ざっと書いただけでもわかるように、遠くの銀河に出現した超新星を見つけ、必要とされるデータを得、それを解析するのは気の遠くなるような、根気のいる仕事なのです。コンピュータを駆使する仕事は、シュミット、リース、ヌージェントたち、若い世代にまかされました。

宇宙の膨張は永遠につづく

一九九七年二月、カリフォルニア大学ロスアンゼルス校が主催した会議で、パールムッターは七個の超新星から得られた情報をもとにこう述べました。「宇宙が加速していると考えるのは非常にむずかしいようです。私たちは減速する宇宙に住んでいます」。ところが、発見されたほかの超新星の解析が進み、データが増えるにつれて、その結論が揺らぎだしました。どうやら、一個の変則的な超新星にだまされて、まちがった結論を導き出したらしいのです。しかし、ここで減速しているといったことが、その後、パールムッターたちの結果が懐疑的に見られる原因になりました。

一九九八年一月、ワシントンで開かれたアメリカ天文学会で、四〇個の超新星のデータを手にしたSCPチームのパールムッターと、一六個のデータを手にしたハイzチームのピーター・ガルナビッチが、それぞれ自分たちの得た結果を発表しました。その結果はどちらも同じで「宇宙は永遠に膨張をつづける」というものでした。宇宙には膨張を止めるのに必要とされるだけの質量がなく、銀河と銀河のあいだはどんどん離れていく一方であり、膨張速度は減速している様子がない、と。彼らが得た遠くのIa型超新星の明るさは、より明るいにちがいないという予想に反して、二五パーセントも暗かったのです。一月九日のニューヨークタイムズの一面に「新データ、宇宙の永遠の膨張を示唆」という言葉が躍りました。

予想より二五パーセント暗いということの結果はなにを意味しているのだろうか。この解釈に両方のチームは頭をひねりました。宇宙の膨張が減速どころか加速しているということだろうか。しかし、そんなことがありうるだろうか。超新星が出現した銀河のなかのチリのせいで暗く見えているだけなのではないだろうか。一月の時点ではなんとも判断しがたく、どちらのチームも膨張が加速している可能性についてはふれませんでした。

一九九八年二月、カリフォルニア大学ロスアンゼルス校が毎年開いている会議（一年前にパールムッターが膨張は減速していると発表した会議）で、ハイzチームのフィリペンコが、彼らが遠くの銀河で見つけた一六個の超新星と、近くに出現した二七個の超新星のデータを比較して、「私たちの超新星は、宇宙の膨張が過去五〇億年間、加速している証拠を提供している」と発表しました。

これを聞いたSCPチームは怒りました。自分たちは慎重に解析をすすめ、まちがいないとわかるまで発表を控えていたのに、もっているデータの数がはるかに少ないハイzチームが、一番乗りの栄誉を得たい一心で先走った、と考えたからです。一年前の発表があったので、彼らはより慎重になっていたのだと思われます。

発表は確かにハイzチームのほうが先でしたが、宇宙の膨張が加速していることを発見した業績によって「今年もっとも画期的な研究」に対してサイエンス・マガジンが出した賞を受賞したのはSCPチームでした。この賞の受賞をお祝いするクリントン大統領からのサイン入りの手紙をパールムッターたちはホワイトハウスから受け取っています。

それぞれがまったくちがうデータをもつ二つのチームが同じ結論に達したとはいえ、二五パーセント暗いことが本当に膨張が加速していることを意味しているのか、その疑問はこの時点では解消されませんでした。

驚きと恐怖のあいだ

一九九五年一二月、宇宙の初期の姿をとらえることを目的にして、ハッブル宇宙望遠鏡（HST）が一〇日間、空の同じ領域に向けられました。遠くを見れば見るほど宇宙の果て、宇宙の始まりのときに近づくことができます。しかし、遠くの天体からやってくる光は非常に弱いので、それをとらえるには長時間の露出をしなければなりません。こうして撮られた像は「ハッブル・ディープ・フィールド（HDF）」と呼ばれています。HDFのなかには、天文学者の予想どおり、宇宙が誕生してまもないころの天体の姿がいくつも写っていました。

九七年末から九八年にかけて、HDFの一部の領域を対象に、HSTにつけられた赤外線検出器のテスト観測が行われましたが、そのときたまたまIa型超新星がその領域に出現しました。宇宙が誕生して今日までの時間の四分の一しかたっていないころ（三五億年ころ）に爆発したもので、それまでに見つかった最遠の超新星です。この超新星の存在をアーカイブのなかから見つけだし解析を一緒にしたのが、ハイzチームのリースとSCPチームのヌージェントでした。このとき、リースはバークレーからボルティモアにある宇宙望遠鏡科学研究所に移っていましたが、二人の仲は良いままだったのです。

彼らがこの超新星のデータを調べたところ、宇宙が加速も減速もせずに膨張している場合に予想される明るさと比べて、二五パーセントも明るいことがわかりました。これは、爆発してまもないころの宇宙が急速に膨張していたこと、その後膨張の速度が減速したことを示していました。この結果は予測どおりでした。膨張速度が減速している、つまり宇宙が以前よりゆっくりと膨張していれば、減速することなく膨張している場合と比べて、光が到着するまでに旅

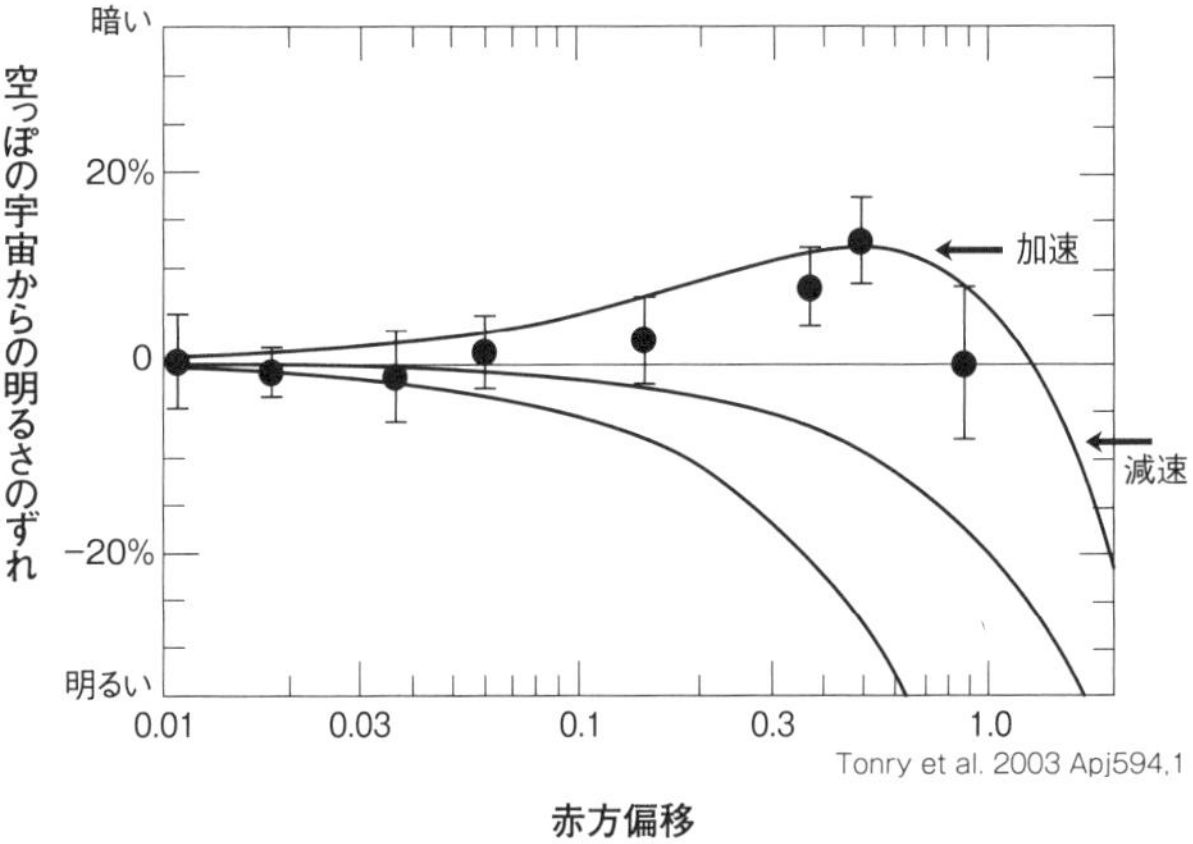

図31　宇宙の加速膨張を裏づけた、超新星の観測結果

する距離が短くなり、より明るくなると考えられるからです。

二〇〇一年五月、この結果を発表する記者会見がワシントンのNASAの本部で開かれました。主役はもちろんリースとヌージェントでした。

一方、宇宙の誕生から八〇億年以上たってから出現したIa型超新星の明るさは、前に述べたように予想される明るさよりもはるかに暗いものでした。光が旅するあいだにその一部がガスやチリによって吸収されたためかもしれないとも思われていたのですが、より遠くに出現した超新星のデータが予測どおりだとすれば、修正のしかたにまちがいがあるとは思えません。ガスやチリだけが原因で予想より暗くなったとは考えられないのです。そこで、この結果を素直に解釈すると、宇宙の歴史のある時点で、宇宙の膨張速度が減速から加速へと転じたことになります。膨張速度が加速していれば、加速していない場合に比べて宇宙がより速く膨張していくため、光が到着するまでに旅する距離が延びることになり、その分暗くなるからです。

「そんなばかな」、それぞれ結果を手にした両チームは信じられませんでした。何度もデータを検討し、計算しなおしましたが、でも結論は変わりませんでした。宇宙の膨張が加速している、つまりなんだかわからないものが宇宙をぐんぐんと広げているらしいのです。この結果を初めて目にしたときの気持ちをハイZチームのシュミットは「驚きと恐怖のあいだというところだった」と表現しています。

二〇一一年一〇月、ノーベル物理学賞の受賞者の発表がありました。宇宙の膨張が加速していることを発見した業績に対して、パールムッター、シュミット、リースの三人に賞が贈られました。

アインシュタイン、人生最大の予測

一九一七年、一般相対性理論を宇宙に応用したアインシュタインは、みずからの方程式が、宇宙が膨張しているか収縮しているかのどちらかであることを示していることを知りました。

当時、宇宙が膨張していることは知られていなかったため、彼は方程式に、重力に対抗して宇宙を拡大させる宇宙項ラムダをつけ加えました。のちに、宇宙の膨張を知ったアインシュタインは、ラムダをつけ加えたことは我が人生最大の汚点であるといったといわれています。

しかし、SCPチームとハイzチームの結果は、宇宙を拡大させるなんらかの力があって、その力が今から六〇億年前ごろに重力を上回ったことを示しています。それはまさに、アインシュタインが考えた重力に対抗する力でした。ラムダはアインシュタインの人生最大の汚点ではなく、人生最大の予測であったのです。

この力の源は不明のため「ダークエネルギー」と呼ばれています。ダークエネルギーの存在は、超新星による観測だけでなく、宇宙背景放射（160ページ）の温度を全天にわたって調査する目的で二〇〇一年に打ち上げられたWMAP衛星によっても確認されています。両者の観測結果をあわせると、現在の宇宙を構成しているのは、約七三パーセントのダークエネルギー、約二三パーセントのダークマター（168ページ）、そして、わずか四パーセントのふつうの物質ということになります。じつに、宇宙の九六パーセントのものがなんだかわからない、ということです。

私たちの住む宇宙がどんどん大きくなり、過疎になっていくのは、どうやらまちがいがないようです。しかし、もっと多くの遠くの超新星を観測することで、なにか見落としていることがないか確かめる必要はあるでしょう（二〇一一年八月にシュミットに聞いたところ、しばらく止めていた超新星探査を近く再開するということでした）。ダークマターやダークエネルギーの正体がなんなのか、考えられうる方法をすべて動員して解き明かしてほしいものです。

超新星が明らかにした宇宙の思いもよらない姿、膨張がぐんぐん加速し暴走する宇宙、私たちの宇宙観は再び大きく転換することになりました。

著者略歴

野本陽代
のもとはるよ

東京都生まれ。慶應義塾大学法学部卒業。
サイエンスライター、翻訳家。
文部科学省宇宙開発委員会委員(二〇〇四年から一一年まで)。
主な著書に『宇宙の果てにせまる』『ハッブル望遠鏡が見た宇宙(正・続)』
『ハッブル望遠鏡の宇宙遺産』『太陽系大紀行』(いずれも岩波新書)、
『巨大望遠鏡時代』(岩波書店)、『日本のロケット』(NHK出版)、
訳書に『数で考えるアタマになる!』(草思社)などがある。

幻冬舎新書 238

ベテルギウスの超新星爆発
加速膨張する宇宙の発見

二〇一一年十一月三十日 第一刷発行
二〇二〇年 三 月 十 日 第六刷発行

著者 野本陽代

発行人 見城 徹
編集人 志儀保博
発行所 株式会社 幻冬舎
〒一五一-〇〇五一 東京都渋谷区千駄ヶ谷四-九-七
電話 〇三-五四一一-六二一一（編集）
〇三-五四一一-六二二二（営業）
振替 〇〇一二〇-八-七六七六四三
ブックデザイン 鈴木成一デザイン室
印刷・製本所 中央精版印刷株式会社

Printed in Japan ISBN978-4-344-98239-0 C0295
の-1-1

幻冬舎ホームページアドレス https://www.gentosha.co.jp/
＊この本に関するご意見・ご感想をメールでお寄せいただく場合は、comment@gentosha.co.jp まで。

幻冬舎新書

村山斉
宇宙は何でできているのか
素粒子物理学で解く宇宙の謎

物質を作る究極の粒子である素粒子。物質の根源を探る素粒子研究はそのまま宇宙誕生の謎解きに通じる。「すべての星と原子を足しても宇宙全体のほんの4％」など、やさしく楽しく語る素粒子宇宙論入門。

吉田武
はやぶさ
不死身の探査機と宇宙研の物語

世界88万人の夢を乗せ、「はやぶさ」は太陽系誕生の鍵を握る小惑星イトカワへと旅立った。果たして史上初のミッションは達成されるのか？　宇宙研の男達の挑戦、感動の科学ノンフィクション。

巽好幸
地球の中心で何が起こっているのか
地殻変動のダイナミズムと謎

なぜ大地は動き、火山は噴火するのか。その根源は、6000度もの高温の地球深部と、地表の極端な温度差にあった。世界が認める地質学者が解き明かす、未知なる地球科学の最前線。

高井研
生命はなぜ生まれたのか
地球生物の起源の謎に迫る

40億年前の原始地球の深海で生まれた最初の生命は、いかにして生態系を築き、我々の「共通祖先」となりえたのか。生物学、地質学の両面からその知られざるメカニズムを解き明かす。